SKYKICK EVOLUTION
머리말

드론 기술의 발전은 우리 사회의 다양한 분야에서 혁신을 낳고 있으며, 이에 따라 학생에서 성인에 이르기까지 많은 사람에게 새로운 경험과 도전을 제공하고 있습니다.

2010년대 초반부터 현재까지의 10여 년이라는 짧은 기간 동안 이루어진 드론 기술 환경의 급격한 변화는 드론 교육의 방향성에 많은 변화를 가져왔습니다. 드론 상용화 초기에 호버링과 비행 조종 기술 숙련에 초점을 두었던 드론 교육은, 다양한 종류의 센서 탑재를 시작으로 자동 이·착륙 및 호버링이 보편화함에 따라 드론 활용 피지컬 컴퓨팅 교육 또는 내장된 카메라를 활용한 촬영 비행 교육 중심으로 변화하였습니다. 최근에는 드론비행제어장치(FC)의 안정화와 최적화, 그리고 드론 탑재용 고화질, 고출력 영상 촬영 및 송·수신장치의 소형화, 일반화를 통한 저가 드론들의 성능 향상으로 FPV(일인칭 시점 비행) 드론 레이싱, 드론 축구, 드론 농구, 드론 낚시 등 다양한 레포츠에서의 드론 활용 교육이 활발히 이루어지고 있습니다.

하지만 이러한 변화에도 불구하고 드론 교육의 기본은 드론 조종 교육이 되어야 합니다. 유인 항공기들의 비행 과정 대부분이 오토파일럿(autopilot, automatic pilot) 기능을 활용하여 자동으로 이루어짐에도 불구하고 보다 안전한 비행을 보장하기 위해 조종사를 조종석에 탑승시킴과 동시에 그들에게 일정 수준 이상의 조종 능력을 요구하고 있습니다.

드론은 유인항공기에 비하여 크기가 훨씬 작고 비행 성능도 부족할 수 있지만, '비행'하여 이동하는 특성으로 추락, 충돌 등과 같은 돌발 사고의 위험성을 가질 수밖에 없습니다. 그러므로 발전된 드론 기술을 다양한 영역에서 안전하고 유용하게 활용하기 위해서는 드론에 대한 이해와 조종 숙련 그리고 드론의 움직임에 대한 이해가 선행되어야 합니다. 드론 사용자의 숙련된 조종 능력은 드론 비행 중 불가피하게 발생하는 기계, 시스템적 오류로 인한 위기 상황에서 사고의 위험성을 낮추고 안전한 비행을 보장합니다.

이번 교재는 드론 축구 대회에서 사용되는 스카이킥EVO 드론을 토대로 드론에 대한 이해를 높이기 위하여 드론의 기본 구조와 작동 원리, 조종 방법에 관한 내용을 다루고 있습니다. 이와 함께 기본 조종 능력 배양 및 조종 숙련도 향상을 위하여 드론 낚시, 드론 택배, 드론 인명 구조와 같은 드론 활용 사례를 바탕으로 한 게임들이나, 간단한 준비만으로도 친구들과 손쉽게 조종 실력을 겨뤄볼 수 있는 생활용품 활용 드론 조종 게임 활동들을 함께 담고 있습니다.

또한 후반부 장에서는 스카이킥EVO 전용 스카이센서와 스크래치 EPL을 활용한 드론 코딩 내용을 다룸으로써 드론을 통해 코딩의 기본 개념을 배우고, 이를 통해 드론을 더욱 효과적으로 운용할 수 있는 기초를 제공하고자 하였습니다.

올해 초 세계 유일의 드론 축구 전용 구장이 건립됨에 따라, 드론 스포츠는 더욱 활발하게 발전할 것이라 기대됩니다. 이는 단순한 스포츠 활동을 넘어, 드론 레저 스포츠와 드론 산업의 고도화에도 기여할 것입니다.

아무쪼록 이 교재가 드론 학습 여정에 유용한 길잡이가 되기를 바라며, 새로운 도전과 발견의 기회가 가득하길 기대하며, 드론의 세계로 함께 나가 보겠습니다.

-저자일동-

저자 **문성환**

서울대학교에서 학사, 석사, 박사 학위를 받았고, 현재 서울교육대학교에서 로봇, 인공지능, 비행기, 드론, 발명 등의 분야에서 연구와 수업을 하고 있으며, 과학영재교육원에서 참여교수로 활동하고 계십니다.

약력
서울대학교 항공우주공학과 학사 · 석사 · 박사 졸업
현) 서울교육대학교 생활과학교육, 창의발명 · 융합과학전공,인공지능과학융합전공 교수 재임
현) 서울교육대학교 항공 · 로봇연구소장, 발명과학교육센터장 재임
현) 한국창의학회 학회장
현) 서울교육대학교 과학영재교육원 참여교수 재임

저자 **박일호**

오랜 기간 동안 무선조종 항공기로부터 드론까지 4차 산업에 관련된 다양한 분야의 학생 수업 및 교사 직무연수강의를 해오고 계십니다. 현재 운중고등학교에서 고등학교에서 기술교과를 담당하여 근무하고 계십니다.

약력
한국교원대학교 기술교육과 학사 졸업
현) 운중고등학교 기술교사
현) 서울초·중등항공과학교육연구화 무인항공기·드론 분야 교사 직무연수 강사

저자 **여환구**

발명과 드론 분야에서 학생 수업 및 교사직무연수 강의를 해오셨습니다. 현재 서울 동일중학교에서 기술교과를 담당하여 근무하고 계십니다.

약력
충남대학교 학사 졸업
현) 서울 동일중학교 교사
현) 서울특별시교육청 융합과학교육원 교사직무연수 강사(드론)
현) 서울 중등 발명 영재 강사(드론, 로봇)
현) 2022 개정 교육과정 교과서 집필 위원(기술교과)
현) 서울초·중등항공과학교육연구화 무인항공기·드론 분야 교사 직무연수 강사
현) 서울 동일중학교 교사

저자 **윤경환**

2013년부터 경기도 지역 초등학교에서 드론·항공발명영재반과 드론·무선조종 항공기 동아리를 다수 운영하였으며, 교사 직무 연수 및 공공기관 관련자 대상 드론 연수 강사로 활동 중이십니다. 드론 활용 S/W. AI교육을 주로 담당하고 있습니다.

약력
한국교원대학교 교육학 학사, 석사 졸업
서울교육대학교 교육전문대학원 박사과정 재학
전) 경기평생교육원, 경기도의회 의원맞춤형교육 드론 분야 연수 강사
현) 서울초·중등항공과학교육연구화 무인항공기·드론 분야 교사 직무연수 강사
현) (사)한국드론활용협회 교육표준화분과 위원장
현) 경기 금화초 교사

스카이킥EVO의 조종 및 코딩
「스카이킥EVO를 알아가는 과정」

CHAPTER 01
드론과 친구해요

① 스카이킥EVO 알아보기 ·· 001p
② 스카이킥EVO 페어링 하기 ······································ 005p
③ 스카이킥EVO 비행 안전 수칙 ·································· 007p

CHAPTER 02
드론을 날려보아요

① 배터리 관리 및 비행 준비 ······································ 013p
② 바른 조종기 파지법과 자세 ···································· 016p
③ 이·착륙과 비상정지 ·· 017p

CHAPTER 03
호버링을 해요

① 드론 미세 조정하기(트림 설정하기) ······················ 022p
② 드론 기초 조작하기 ·· 025p
③ 호버링(Hovering) 하기 ·· 028p

CHAPTER 04
기본 비행을 해요

① 드론 직선 비행하기 ·· 032p
② 정확하게 비행하기 ·· 034p

CHAPTER 05
드론과 교실 한 바퀴

① 사각형 코스 준비하기 ·· 037p
② 사각형 코스 따라 비행하기 ···································· 038p

CHAPTER 06
복합키 조종을 해요

① 조종 모드와 조종 모드 변경 방법 ·························· 041p
② 복합키 조종법 ··· 043p
③ 복합키 조종하기 ··· 045p

CHAPTER 07
패턴 비행을 해요

① 마름모◇ 패턴 비행하기 ········· 050p
② 원형○ 패턴 비행하기 ········· 051p
③ 8자 및 변형 패턴 비행하기 ········· 053p

CHAPTER 08
장애물 레이싱을 해요

① 단독 장애물 통과하기 ········· 055p
② 높이와 크기가 다른 연속 장애물 통과하기 ········· 056p
③ 장애물 레이싱 경기하기 ········· 057p

CHAPTER 09
드론으로 즐기는 게임 (1)

① 드론 볼링 게임 ········· 061p
② 지그재그 병 쓰러트리기 게임 ········· 062p
③ 장애물 레이싱 경기하기 ········· 063p

CHAPTER 10
드론으로 즐기는 게임 (2)

① 드론 낚시 게임 ········· 069p
② 드론 구조 게임 ········· 072p
③ 드론 택배 게임 ········· 073p

CHAPTER 11
코딩 비행 준비하기

① 스카이 센서 알아보기 ········· 076p
② 스카이킥EVO 블록 코딩 프로그램 설치하기 ········· 079p
③ 프로그램 속 코딩 블록 살펴보기 ········· 084p
④ 간단한 비행 코스 코딩 연습하기 ········· 085p

CHAPTER 12
코딩 비행 실습하기

① 코딩 비행 절차 알아보기 ········· 093p
② 긴급 비행 중지 코딩하기 ········· 098p
③ 코딩 비행으로 장애물 코스 비행 실습하기 ········· 099p
④ 블록 코딩 예시 ········· 101p

CHAPTER 01
드론과 친구해요

스카이킥EVO의 제품 구성과 특징 그리고 조종기와 드론의 페어링 방법을 살펴보고, 드론을 날릴 때 지켜야 하는 안전 수칙에 대해 알아봅시다.

1 스카이킥EVO 알아보기

스카이EVO는 유소년용 드론 축구 드론볼로 공식 활용되고 있으며 원형 가드가 드론을 둘러싸고 있어 다른 드론들에 비해 안전하게 각종 드론 관련 레포츠에 활용할 수 있습니다. 또한 스카이킥EVO는 스카이 센서를 추가적으로 장착하여 코딩을 통한 기초적인 자동비행이 가능해 초·중·고 S/W(소프트웨어) 교육에도 활용할 수 있습니다.

A. 제품 구성과 사양, 조종기 버튼 구성

※ 스카이킥EVO 패키지에는 코딩으로 드론을 비행시킬 수 있는 스카이 센서(코딩 센서)가 포함되어 있지 않으며 별도로 구매해야 합니다.

크기·무게	200 X 200 X 180mm, 110g(배터리 포함)	비행시간	6분 (비행 환경에 따라 달라질 수 있음)
최대속력	30.5km/h	비행거리	150m (주변 환경에 따라 달라질 수 있음)
배터리	500mAh 2S 7.6V continuous 40C	주파수 방식	FHSS방식

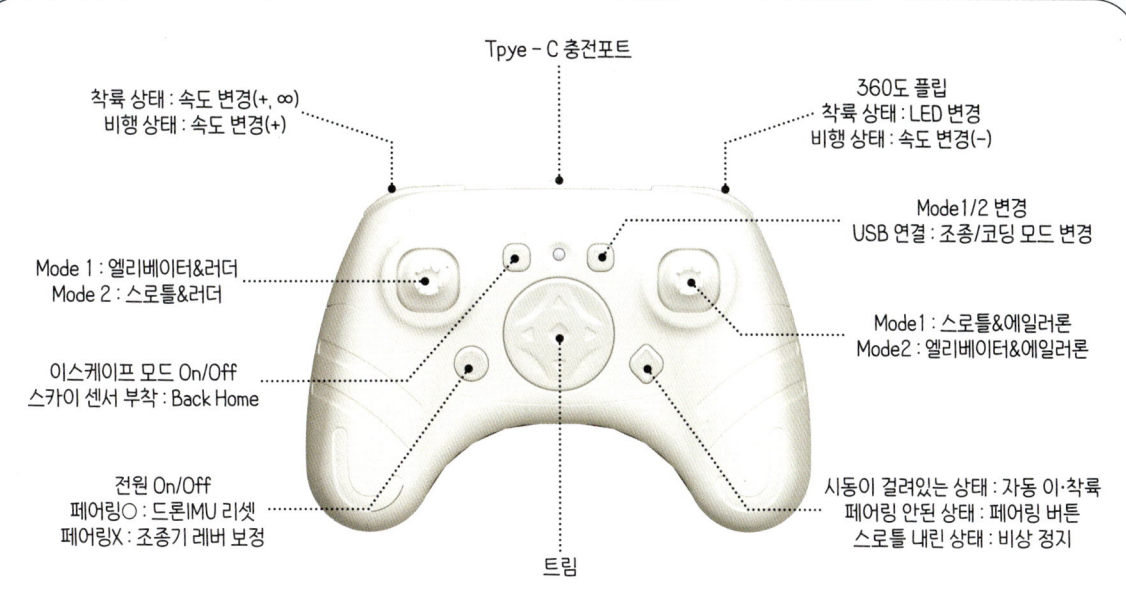

- 착륙 상태 : 속도 변경(+, ∞)
- 비행 상태 : 속도 변경(+)
- Tpye - C 충전포트
- 360도 플립
- 착륙 상태 : LED 변경
- 비행 상태 : 속도 변경(-)
- Mode 1 : 엘리베이터&러더
- Mode 2 : 스로틀&러더
- Mode1/2 변경
- USB 연결 : 조종/코딩 모드 변경
- Mode1 : 스로틀&에일러론
- Mode2 : 엘리베이터&에일러론
- 이스케이프 모드 On/Off
- 스카이 센서 부착 : Back Home
- 전원 On/Off
- 페어링O : 드론IMU 리셋
- 페어링X : 조종기 레버 보정
- 트림
- 시동이 걸려있는 상태 : 자동 이·착륙
- 페어링 안된 상태 : 페어링 버튼
- 스로틀 내린 상태 : 비상 정지

B. 스카이킥EVO의 특징 (모드 2 기준)

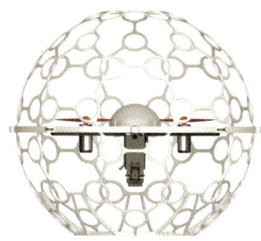

- 드론을 보호하는 안전한 펜타가드
- 360도 플립 (제자리 공중제비 비행)
- 쉬운 자동 이륙과 착륙
- 기울어진 상태에서도 이륙 가능
- 3단계 속도 조절과 터보 모드 (총 4단계)
- 간단한 팀 선택 LED
- 6축 자세제어 센서 탑재
- 최대 조종 범위 150m
- 모드 1 / 모드 2 지원
- 무제한 바운딩

① 드론 LED 컬러 선택

- 드론의 LED 컬러는 착륙 상태에서 조종기의 R 버튼을 눌러 순차적으로 바꿀 수 있습니다.

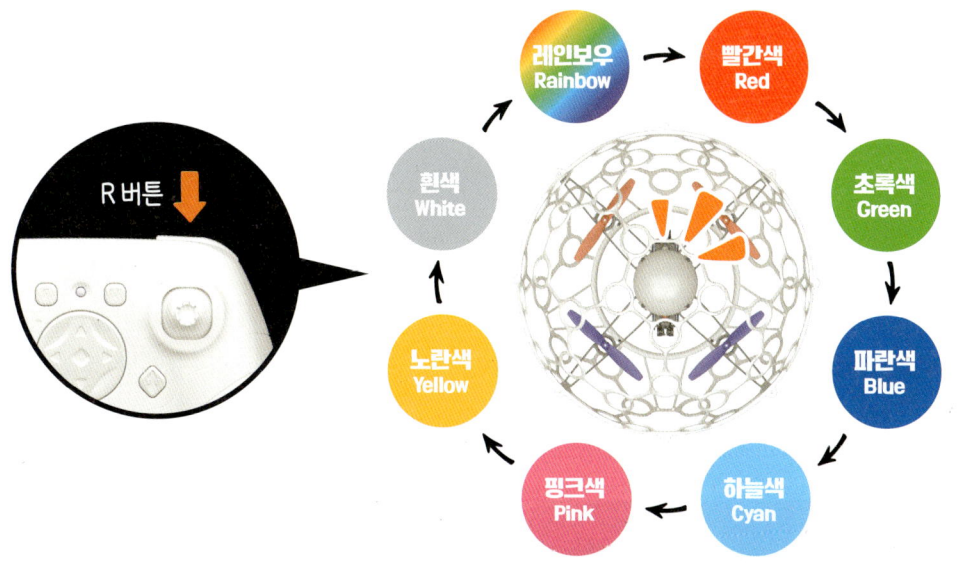

② 360도 플립

- 360도 플립[1]은 드론이 1.5m 이상의 고도이며 배터리가 최소 절반 이상 남아있을 때 작동합니다.

- 조종기의 R 버튼을 길게 누르면 조종기에서 부저음이 울리고, 이때 오른쪽 스틱을 앞·뒤·좌·우 중 한 방향으로 정확하게 밀면 스틱이 움직인 방향으로 드론이 플립 비행을 실행합니다.

③ 속도 조절

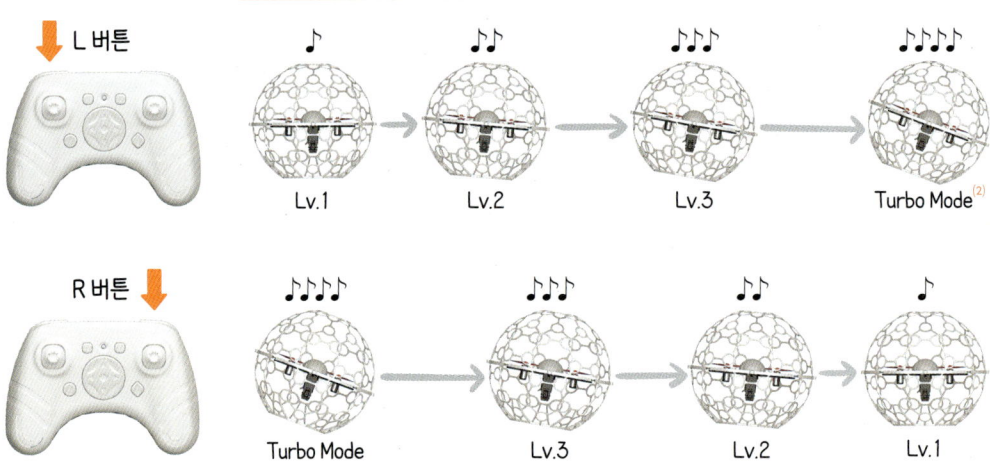

- 비행 상태에서 조종기의 L 버튼을 누르면 속도를 1에서 4(터보 모드)까지 한 단계씩 증가(+) 시킬 수 있습니다. 하지만 비행 상태에서는 L 버튼을 반복하여 눌러도 비행속도가 4단계에서 1단계로 다시 돌아가지 않습니다.

- 비행 상태에서 조종기의 R 버튼을 누르면 속도를 4(터보 모드)에서 1까지 한 단계씩 감소(-) 시킬 수 있습니다. 하지만 비행 상태에서는 R 버튼을 반복하여 눌러도 비행속도가 1단계에서 4단계로 다시 돌아가지 않습니다.

참고

(1) 플립 : 공중에서 위로 튀어 오르며 재빠르게 한 바퀴 뒤집어 도는 비행을 말합니다.
(2) Turbo Mode : 드론의 속도 조절 단계 중 4단계에 해당하는 모드이며, 직선 주행 시에 만 잠시 사용하는 것을 권장합니다.

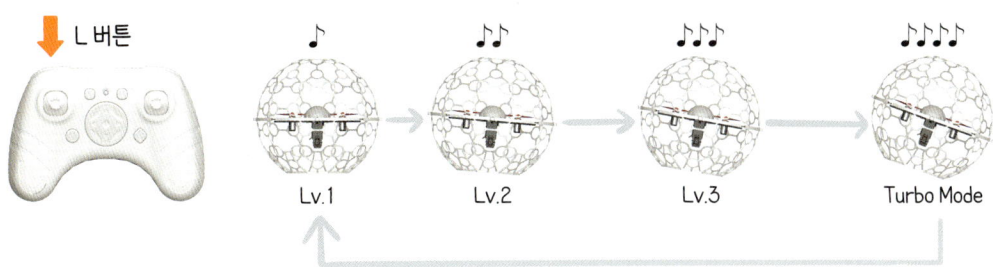

정지 상태 : L 버튼을 눌러서 순환하며 조절 가능

- 드론이 착륙하여 정지 상태일 경우, L 버튼을 계속해서 누르면 [1 → 2 → 3 → 4 → 1 → 2 → 3…]의 규칙으로 무한 순환하며 비행 속도가 선택됩니다.

- 드론 비행에 익숙하지 않은 경우 1단계로 설정 후 천천히 안전하게 비행하는 것이 바람직합니다.

④ 모드 1(Mode 1) / 모드 2(Mode 2) 설정

- 착륙 상태에서 M 버튼을 3초 이상 누르면 모드 1 또는 모드 2로 조종기 설정을 변경할 수 있습니다.

- 일반적으로 모드 2 방식을 선호하는 경우가 많아, 드론의 초기 설정이나 드론 관련 정보들이 대부분 모드 2를 기준으로 이루어집니다.

- 사용자에 따라 모드 1을 선호하는 경우도 있으므로 조종자마다 편하고 안전하게 비행하기에 좋은 방식을 선택하는 것이 좋습니다.

2 스카이킥EVO 페어링 하기

페어링(Pairing)이란 드론과 조종기를 서로 연결해 주는 것을 말합니다. 쉽게 말해서 드론을 조종하기 위해서 드론과 조종기의 짝을 맞어주는 것입니다. 페어링이 이뤄지지 않은 상태에서는 조종기를 아무리 사용해도 드론이 반응하지 않습니다.

A. 스카이킥EVO와 조종기 페어링 방법

① 배터리 연결하기

스카이킥EVO의 배터리 장착 방법

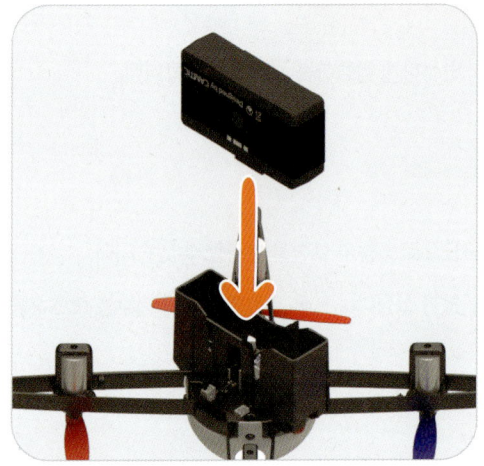

배터리의 커넥터 부분(튀어나온 삼각형 부분)과 드론 하단에 배터리 프레임의 긴 홈이 있는 면끼리 마주보도록 배치하여 배터리를 끼워넣습니다.

조종기의 배터리 장착 방법

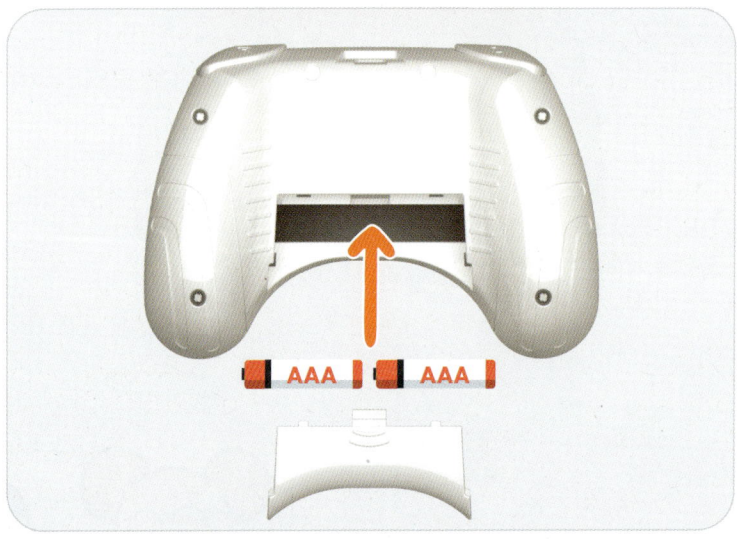

조종기의 배터리는 AAA 사이즈의 일반 건전지 2개가 사용됩니다. 조종기 뒷면 하단의 배터리 뚜껑을 열고 한 개씩 전극을 잘 맞춰 끼워 넣도록 합니다.

② 드론 리셋(Reset, 초기화) 하기

- 드론은 배터리를 장착하면 자동으로 전원이 켜집니다. 전원이 켜진 후 드론을 위아래로 10회 이상 빠르게 흔들어 페어링 모드로 진입합니다.

- 페어링 모드에 진입하면 드론의 LED(가운데 흰색 캐노피 부분)가 빨간색과 파란색으로 깜빡이게 됩니다.

- 드론의 리셋은 전원이 켜진 후 30초 이내에 해야만 합니다. 만약 페어링 모드에 들어가지 못했다면, 다시 드론에서 배터리를 제거한 후 처음부터 리셋을 진행합니다.

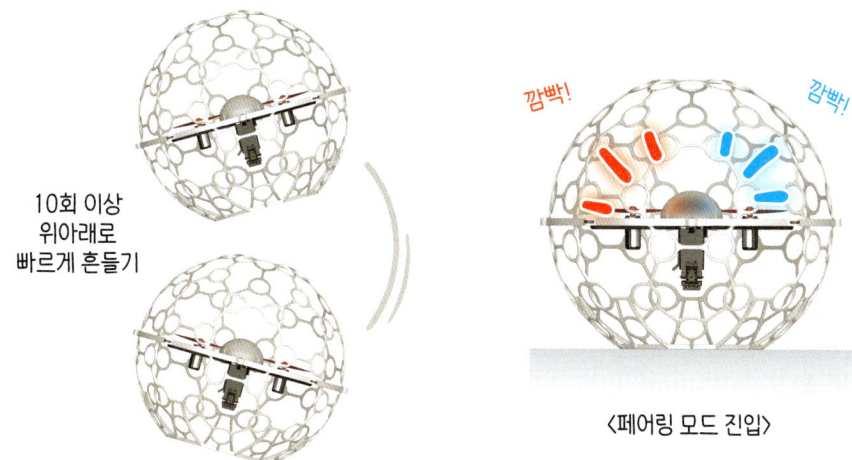

③ 조종기를 켜고 드론 페어링 버튼 누르기

- 드론이 페어링 모드에 진입했다면 조종기의 전원 버튼을 눌러 조종기를 켭니다(미리 조종기의 전원을 켜놓아도 괜찮습니다).

- 조종기의 페어링 버튼 ⇕ 을 3초 이상 길게 누르면 조종기에서 '띠리릭' 소리가 나며 페어링이 완료되고 드론의 LED는 깜박거리지 않고 한 가지 색으로 유지됩니다.

- 만약 드론의 LED가 한 가지 색상으로 켜진 채로 유지되지 못하고 여전히 깜박이고 있다면 페어링에 실패한 것입니다. 이런 경우엔 먼저 조종기의 페어링 버튼 ⇕ 을 3초 이상 다시 눌러보고 그래도 문제가 해결되지 않는다면 드론의 배터리를 분리했다 다시 끼운 후 '②드론 리셋(Reset, 초기화) 하기'부터 페어링 절차를 다시 진행하도록 합니다.

짚고 넘어가 볼까요?

· 페어링이란?
드론과 조종기가 정보를 주고받을 수 있도록 통신이 가능한 상태로 연결해 주는 작업을 말합니다. 보통 한 번만 연결해 주면 다음부터는 자동으로 페어링 된 상태로 유지됩니다.

· 리셋과 페어링
페어링이 끊어지거나 드론 또는 조종기를 교체할 경우 페어링을 다시 시도해 줍니다. 특히 외부 손상이 없음에도 불구하고 조종기의 조작에 따라 드론이 정확하게 움직이지 않는다고 느껴질 경우, 리셋을 진행하여 드론이 초기화되면 다시 정상적인 조종이 이루어질 수 있습니다. 또한 리셋 이후에 다시 페어링 하는 것을 잊지 마세요.

3 스카이킥EVO 비행 안전 수칙

드론을 날리는 데에 있어서 무엇보다 중요한 것은 '안전'입니다. 드론을 안전하게 날리기 위해서는 비행 전 드론의 상태 점검부터 비행 후 배터리를 분리하고 완전히 작동이 멈춰 위험 요소들이 모두 사라질 때까지 여러 가지 주의사항들을 꼼꼼하게 확인해야 합니다.

하지만 비교적 작고 가벼우며 간편하게 날릴 수 있는 스카이킥EVO와 같은 소형 드론의 경우 다음의 수칙을 지키는 것만으로도 드론 비행 시 발생할 수 있는 다양한 사고의 위험을 크게 줄일 수 있습니다.

A. 드론 조종자라면 숙지해야 하는 비행 안전 수칙들

① 안전이 확보된 넓은 실내 공간에서만 비행하기

- 스카이킥EVO는 실내 유소년 드론 축구 경기에 적합한 형태로 제작되었습니다. 일반적인 완구형 드론들에 비해 전압이 높아 힘이 좋은 모터를 사용함에도 불구하고 야외에서 강한 바람이 불면 원하는 대로 비행하기가 어렵습니다. 그러므로 넓은 실내 공간에서 비행하는 것이 적절합니다.

- 드론을 처음 접하는 초보자들의 경우 공간의 높이와 너비, 길이가 넉넉한 체육관 같은 넓은 공간에서 비행하는 것이 안전하고 비행을 익히기 쉽습니다.

- 실력이 점점 향상된다면 사람이 없는 빈 교실에서도 충분히 재미있는 비행이 가능합니다.

② 항상 드론을 보면서 조종하기

- 드론을 조종할 때는 절대 드론에서 눈을 떼지 않도록 합니다. 잠깐 한눈을 팔게 되면 드론은 원래 있던 자리에서 어디론가 이동하게 되고 특히 드론이 조종자와 멀리 떨어져 버리면 한눈에 자신의 드론을 찾기 매우 어렵기 때문입니다.

- 드론을 조종할 때는 주변 사람들과 대화를 자제하고 드론 조종에만 집중하도록 합니다.

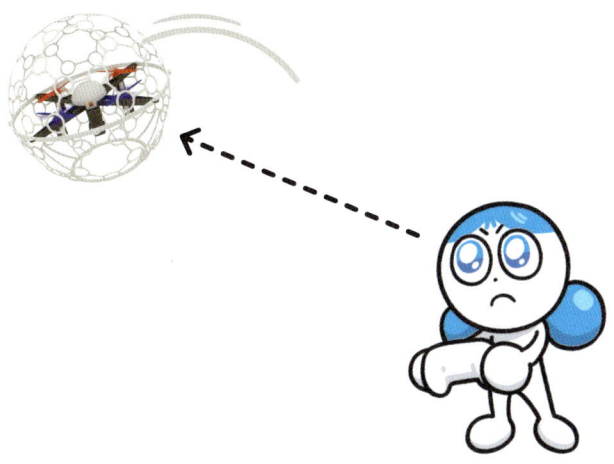

③ 추락을 피할 수 없다면 사고의 위험을 줄일 수 있는 곳으로 떨어뜨리기

- 숙련된 조종자의 경우 드론이 다른 드론과 충돌하거나 방향을 잃어 조종자의 통제를 벗어나려고 할 때, 빠르게 드론의 자세를 회복하고 드론을 정상적으로 통제할 수 있어야 합니다.

- 초보자의 경우 드론이 조종자의 통제를 벗어나는 상황을 만나게 되면 순간적으로 낭황하며 오히려 더욱 위험하게 비행하는 경우가 발생할 수 있습니다. 만약 드론을 안전한 비행 상태로 되돌리기 어려울 경우, 최대한 안전하게 추락시킬 수 있어야 합니다.

- 드론은 비행체이기 때문에 언제든 추락 가능성이 있습니다. 만약 추락을 피할 수 없다면 사고의 위험이 가장 적은 안전한 곳에 추락시켜 피해를 최소화하기 위해 노력해야 합니다. 안전한 추락이란, 사람이나 동물이 다칠 위험이 없고 다른 사람의 재산에 피해를 적게 입히며 추락으로 인한 2차 사고의 발생 가능성이 적을 순간에 추락하는 것을 말합니다.

④ 사람이 많은 곳이나 좁은 공간에서 비행하지 않기

- 사람이 많은 곳에서 비행하거나 사람들의 머리 위에서 드론을 날리는 것은 매우 위험한 행동입니다.
- 좁은 공간에서 비행할 경우, 순식간에 드론이 벽면이나 장애물 등에 부딪혀 원하지 않는 곳으로 날아가 사고를 일으킬 수 있습니다.

⑤ '이륙합니다', '착륙합니다'를 외치기

- 이륙과 착륙 전 주변에 사람이 있는지 우선 확인하도록 합니다.
- 비행 전에는 '이륙합니다'라고 크게 외침으로써 조종자가 미처 확인하지 못한 사람들이 있더라도 다른 이들이 스스로 드론을 조심할 수 있도록 해야 합니다.
- 착륙 시에는 '착륙합니다'라고 크게 외쳐서 주변 사람들이나 다른 조종자들이 드론 착륙 지점의 주변에서 벗어나게 하여 위험한 상황을 만들지 않도록 합니다. 특히 조종할 때엔 비행하는 드론을 주시해야 하므로 주변의 사람들이나 장애물을 세심하게 확인하기 어렵습니다. '이륙합니다', '착륙합니다'라고 외치는 것은 나와 주변 사람들의 안전을 확보하기 위한 매우 중요한 안전 수칙이니 꼭 지켜주세요.

• 드론을 날릴 때 꼭 알아야할 상식

하나! 드론의 무게가 250g이하 일 경우에만 자격증 없이 비행할 수 있어요.
-만약 드론의 무게가 250g이 넘는다면, 만 10세 이상인 사람에 한하여 [한국교통안전공단 배움터]에서 [무인 동력 비행 장치 4종(무인 멀티 콥터)] 수업을 듣고 자격을 취득해 2kg 미만의 드론 까지도 날릴 수 있습니다.

둘! 실외 비행 시 비행 금지 구역과 금지 시간(야간)을 확인해요.
-우리나라에는 매우 넓고 다양한 곳에서 비행이 금지되는 경우가 많습니다. 서울 상공과 휴전선 인근, 공항 반경 9.3km 이내, 절대고도(AGL, Above Ground Level) 150m 이상, 원전 시설 주변 등은 안보나 다른 항공기의 안전, 민간인 보호 등을 이유로 모든 드론의 비행을 금지하는 구역입니다.

-비행 전, 스마트 기기에서 '레디 투 플라이' 앱을 활용해 비행이 가능한 곳(드론 비행 가능 구역)인지 우선 확인해야 합니다.

안드로이드 - Google Play, IOS - App Store 에서 다운로드 가능

-우리나라는 해가 졌을 때(일몰 후) 드론 비행이 금지되어 있습니다. 만약 밤에 비행하고 싶다면 우선 비행 허가를 받아야 합니다. 드론 비행 허가 신청 등 관련 내용은 '드론 원스톱' 홈페이지를 통해 확인할 수 있습니다.

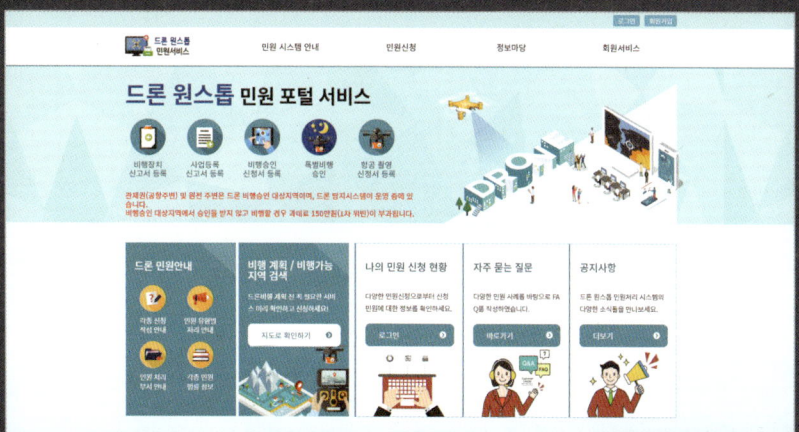

드론 원스톱 홈페이지 - https://drone.onestop.go.kr/

셋! 드론에서 물건을 낙하시키거나 폭죽 등을 달고 비행하면 안 돼요.
-야외에서 드론에 물건을 매달고 낙하시키거나 폭죽과 같이 위험한 물건을 드론이 소지한 채 비행하면 큰 사고가 날 수 있기 때문에 위험합니다.

드론(Drone)의 어원에 대해서 알려줘!

드론(Drone)이란 사람이 탑승하여 조종하지 않고 원격으로 조종하는 무인 비행체를 뜻합니다. 드론의 사전적 의미는 수벌 또는 벌이 윙윙 거리며 날아다니는 소리를 뜻하는데, 무인기에 드론이라는 명칭을 사용하게 된 기원에는 여러 가지 설이 있습니다.

1930년 영국에서 새로운 군사용 무기로 'Queen Bee(퀸비, 여왕벌)'라는 무인기를 개발하였습니다. 'Queen Bee'는 지상에서 무선으로 조종할 수 있는 최초의 왕복 재사용 무인 항공기 입니다. 당시 400기 이상 생산되었고 현재는 최초의 드론이라고 평가받고 있습니다.

미국은 'Queen Bee'에게서 감명을 받고 유사한 무인기를 개발하게 되는데, 원조 무인기인 'Queen Bee'에 경의를 표하기 위해 여왕벌을 따르는 수벌의 뜻을 가진 'Drone'이라고 이름을 지었다는 설이 있습니다. 혹은 드론이 비행하는 소리와 벌이 날아다니며 윙윙거리는 소리가 비슷해서 'Drone'이라고 이름을 지었다는 설 등이 있습니다.

DH-82 Queen Bee (영국, 1930)

다양한 모습의 드론

드론은 군사용으로 개발되었지만 점차 시간이 지나며 우리들의 일상생활속에 평화롭고 실용적인 다양한 모습으로 존재하게 되었습니다.

군사용 드론

산불 감시용 드론

산업용 드론

01 CHAPTER
드론과 친구해요

드론의 역사에 대해서 알려줘!

드론의 역사

1910년
미국 Bug
무인기의 시초
성공하지는 못함

1930년
영국 Queen Bee
최초로 재사용이 가능한 무인기
대공사격 연습을 위한 공중 표적기
이후에 개발되는 무인기들을
드론(Drone, 수벌)이라고
명칭하게 된 이유 중 하나

2000년
미국 Global Hawk
군사적 목적으로 개발된
미국의 글로벌 호크

2007년
미국 3D Robotics
크리스 앤더슨,
드론 가격을 대폭 낮춰 대중화
쿼드콥터의 시대를 열게 됨

2010년
중국 DJI
드론 대중화의 주역
전 세계 시장 점유율 1위

2012년
프랑스 Parrot
세계 최초 스마트폰으로
조종하는 드론 상용화 성공

2014년
한국 BYROBOT
대한민국 최초 교육용 드론
개발 및 드론 교육 시작

2015년
미국 INTEL
드론 100대 군집비행 성공

2016년
중국 EHANG
새로운 이동수단인
유인 드론 개발

2018년
한국 KT
세계 최초 5G 드론 비행
평창 동계 올림픽 성화 봉송

이미지 출처
Bug: https://weekly.donga.com/o-itue-article-all/1/1517957-1
Queen Bee: https://www.ihankyung.com/article/22584666#home
Global Hawk: https://commons.wikimedia.org/wiki/File:RQ-4_Global_Hawk.jpg
Robotics: https://www.businessinsider.com-chris-anderson-qa-3d-robotics-gopro-youtube-and-the-future-of-drones-2014-10?utm_source=copy-link&utm_medium=referral&utm_content=topbar
DJI: https://www.freepik.com/premium-ai-image/sturdy-parrot-bebop-2-drone-black-background_86659779.htm
Parrot: https://www.freepik.com/premium-ai-image/sturdy-parrot-bebop-2-drone-black-background_86659779.htm
INTEL: https://youtu.be/sZ-sfizn-fOjs=C28L0pOE23EB4hsU
EHANG: https://m.ahanuco.kr-economy/eronomy-general-article/20160707530094#c2b KT: https://mediachub.seoul.go.kr-archives/1136234

12

CHAPTER 02
드론을 날려보아요

드론 비행을 위해 준비하고 확인해야 할 사항들을 알아보고, 조종기를 잡는 방법과 자세를 살펴본 후 이·착륙 및 비상 정지를 실습해 봅시다.

1 배터리 관리 및 비행 준비

드론을 날리기 위해서는 드론, 배터리, 비행 장소, 주변 상황을 확인해야 합니다. 또한 드론의 프로펠러가 휘거나 부러져 손상되지 않았는지 확인한 후 미세하더라도 손상이 확인되면 반드시 교체 후 비행하도록 합니다.

A. 배터리 충전 및 관리하기

① 배터리 충전 방법

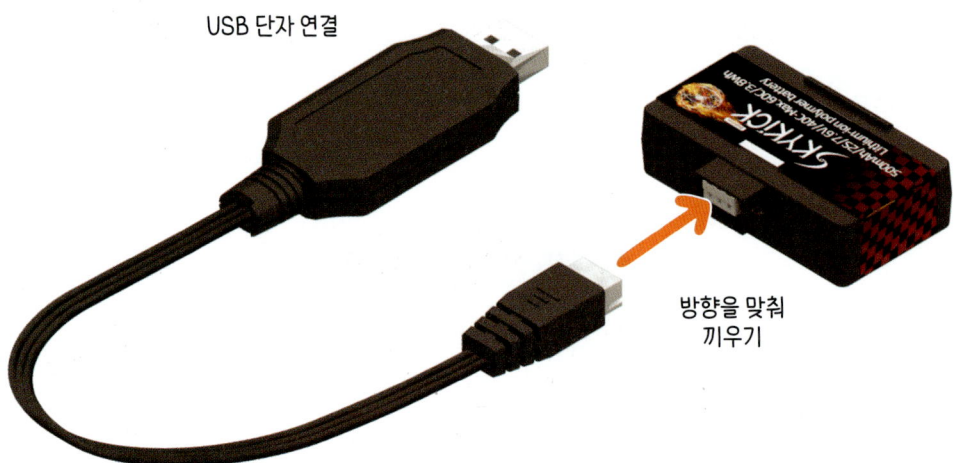

USB 단자 연결

방향을 맞춰 끼우기

- 정품 USB형 충전기를 사용할 때는 5V 1A 미만의 성능을 가진 충전기의 USB 포트에 연결하여 사용하세요. 컴퓨터(PC 또는 노트북)의 USB 단자로도 충전이 가능합니다.

- 스마트폰 충전용 고속, 초고속 충전기를 연결하여 사용하면 화재가 발생할 수 있습니다.

- 충전 상태는 충전기의 USB 단자 불빛으로 판단합니다. 충전 중에는 빨간색 LED 불빛이 들어오며 완충 시 불빛이 꺼집니다.

- 충전을 완료하는 데 보통 40~50분 정도가 소요되며, 완충된 배터리로는 6분 정도 비행할 수 있습니다.

※ 비행 시간은 환경과 비행 속도에 따라 차이가 발생할 수 있습니다.

② 드론 배터리 교체 시기 확인 방법

- 새 배터리로 비행을 시작했을 때보다 드론의 움직임이 현저히 느리고 힘이 떨어졌다고 느껴질 때 배터리를 교체합니다.

- 조종기에서 부저음이 울리며 조종기 LED가 초록색으로 깜박거릴 경우 드론의 배터리가 방전된 것이므로 바로 착륙하여 배터리를 교체합니다. 이때 비행 직후 분리한 배터리가 뜨겁다면 열기를 충분히 식힌 후 충전하는 것이 좋습니다.

- 드론의 배터리를 교체한 후에도 부저음이 울리며 조종기 LED가 초록색으로 깜박거린다면 조종기의 건전지를 교체해 주세요(조종기의 건전지는 보통 수개월 이상 사용할 수 있습니다).

B. 비행 준비하기

① 배터리 충전 확인하기

〈배터리 충전 중〉

〈배터리 충전 완료〉

- 배터리는 패키지에 동봉된 스카이킥EVO 배터리 전용 충전기를 이용해 충전이 완료된 것을 사용해 주세요.

- 배터리의 충전이 완료되면 충전기의 빨간색 LED 불빛이 꺼집니다.

② 드론과 배터리 연결하기
- 조종기가 꺼진 상태에서 드론과 배터리를 연결하도록 합니다.

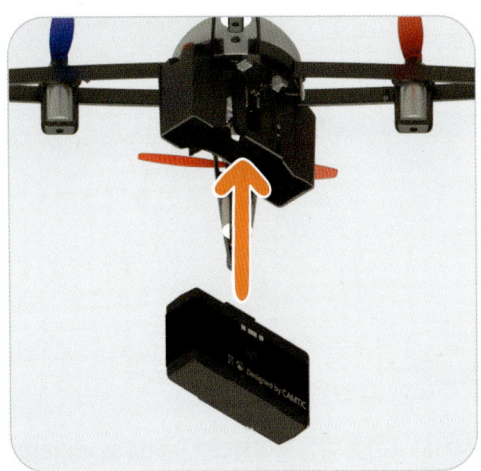 

③ 안전거리 확보 및 주변 확인
- 드론과 2m 정도의 안전거리를 확보하고, 다시 한 번 주변에 사람이나 장애물이 없는지 확인합니다.

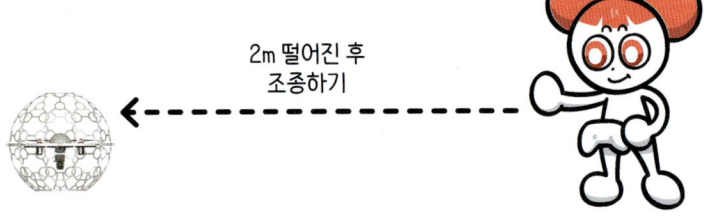

④ 조종기 전원 켜기 및 페어링 확인
- 조종기의 전원 버튼을 3초 이상 눌러서 조종기를 켜도록 합니다.
- 조종기에서 부저음이 들리고 드론의 LED가 켜진 채 유지되면 정상적으로 페어링이 된 상태입니다.
- 다시 한 번 주변을 살피고 '이륙합니다'라고 크게 외친 후 이륙하여 비행을 시작합니다.

짚고 넘어가 볼까요?

· 드론의 배터리를 오래 사용하고 싶어요

배터리는 제각각 수명이 있습니다. 이는 오래된 휴대전화의 배터리가 점점 더 빨리 소모되는 경우와 같습니다. 드론을 고속으로 계속해서 날리거나 뜨거운 배터리를 바로 충전하는 횟수가 누적될 수록 배터리의 수명은 점점 줄어들 것입니다.

· 배터리 충전이 안 돼요

사용한 배터리를 오랫동안 방치하면 배터리 속 전기가 조금씩 방전(자연방전)되어 결국 충전이 불가능한 완전방전 상태(배터리가 완전히 소모되어 사용할 수 없는 상태)가 될 수 있습니다.
이러한 상황을 막기 위해 배터리를 절반 정도 충전 후 보관하거나, 완전히 충전된 배터리를 드론에 연결하여 1분 정도 호버링 한 후 보관하면 완전방전의 가능성을 줄여 배터리의 수명을 유지하는 데 도움이 됩니다.

2 바른 조종기 파지법과 자세

조종기를 잡는 방법을 조종기 '파지법'이라고 합니다. 빠르고 정확한 드론 비행 조종을 위해서는 조종기와 조종기 스틱을 바르게 잡는 것이 매우 중요합니다. 가장 좋은 파지법은 조종자가 드론을 가장 편하게 조종하는 것이니, 다음의 파지법 가운데 자신에게 적합한 방법을 찾아 선택하도록 합니다.

A. 바른 조종기 파지법

① 엄지 파지법(Humb Grip)

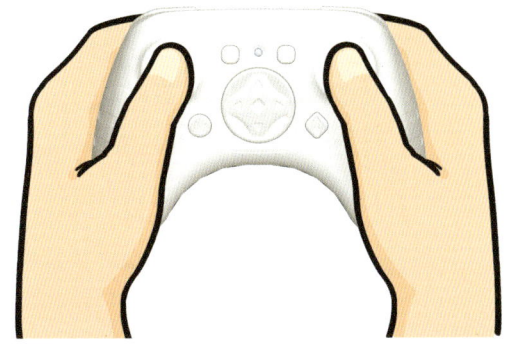

- 엄지 손가락 끝을 세워 조종기 스틱을 잡는 방법으로 드론 조종자들이 가장 많이 사용하는 방법입니다.
- 어느 방향으로도 끝까지 빠르게 미는 조작이 가능합니다.
- 손가락이 미끄러질 수 있으므로 스틱 끝에 뾰족한 돌기에 엄지손가락 끝을 적절히 밀착시켜야 합니다.
- 조종기를 잡는다는 느낌이 아니라 손가락 위에 올려두고, 손바닥과 조종기 사이에 공간이 살짝 존재하도록 손바닥이 조종기 옆면에 닿지 않게 합니다.

② 엄지검지 파지법(Pinch Grip)

- 엄지와 검지 손가락을 활용하여 조종기 스틱을 잡는 방법을 엄지검지 파지법이라고 합니다.
- 엄지 파지법에 비해 스틱을 세밀하게 조작하는 데 적합하지만, 스틱을 끝까지 밀거나 스위치를 조작할 때 불편합니다.
- 급격한 고도의 변화나 방향의 변화가 필요한 경우보다는 침착하고 세세한 조작에 적합합니다.

B. 바른 조종 자세

자전거나 자동차를 운전할 때 자세가 중요한 것처럼 드론을 조종할 때도 자세가 중요합니다. 보통 조종기를 잡은 후 팔을 자연스럽게 내려 아랫배 쪽에 대는 자세를 권장합니다. 드론이 좌우로 비행할 때는 몸을 돌리지 않고 고개만 돌려 드론을 보면서 조종합니다.

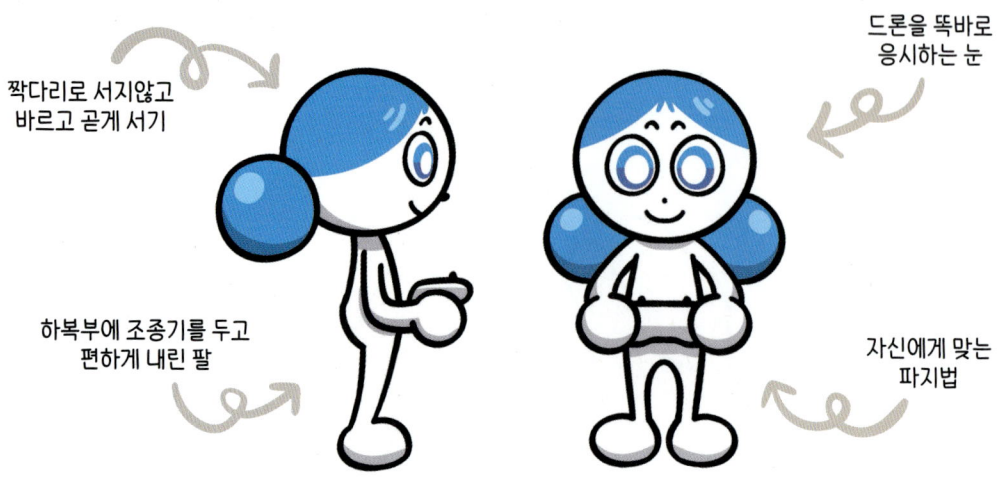

- 짝다리로 서지않고 바르고 곧게 서기
- 하복부에 조종기를 두고 편하게 내린 팔
- 드론을 똑바로 응시하는 눈
- 자신에게 맞는 파지법

3 이·착륙과 비상 정지

드론의 이·착륙은 모든 비행의 시작과 끝을 위하여 꼭 필요한 조작입니다. 또한 위험한 상황에 처하거나 예상될 때, 순간적인 판단을 통해 바로 조작할 수 있도록 수없이 연습해야만 하는 중요한 기술입니다. 그러므로 비상 정지 조작법은 반드시 잘 익혀두도록 합니다.

A. 자동 이륙

페어링 버튼 ⇧
3초 이상누르기

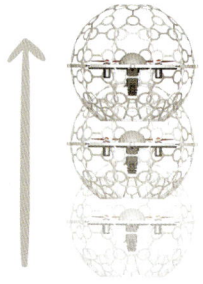

- 드론에 배터리를 끼운 후 조종기 전원 버튼을 3초 이상 눌러 전원을 켭니다.

- 페어링 버튼 ⇧을 3초 이상 누르면 드론이 그 자리에서 이륙합니다. 스카이 센서 장착 시에는 드론은 이륙 후 자동으로 일정한 높이의 고도를 유지하며 호버링(정지 비행)을 하게 됩니다.

- 호버링 비행 시 조종기 스틱을 전혀 움직이지 않았는데도 드론이 어떤 방향으로 스르르 미끄러지듯 저절로 움직일 수 있습니다. 이 경우 트림을 조절하여 드론이 고도를 유지한 채 제자리에서 비행할 수 있도록 해야 합니다.

※ 트림 설정은 25p에서 참고하실 수 있습니다.

B. 아밍과 수동 이륙(모드 2 기준)

부우웅~

왼쪽 스틱을 '왼쪽 아래' 또는
'오른쪽 아래'로 밀기

- 드론에 배터리를 삽입한 후 조종기 전원 버튼을 3초 이상 눌러 전원을 켭니다.

- 조종기 왼쪽 스틱을 좌측 하단↙ 또는 우측 하단↘방향으로 밀고 있으면 비행을 위한 시동이 걸리고 모든 프로펠러가 회전하기 시작합니다. 비행을 위해 드론에 시동을 거는 것을 '아밍(Arming)'이라고 합니다.

※ 아밍(Arming)상태에서 다시 왼쪽 스틱을 좌측 하단↙ 또는 우측 하단↘방향으로 밀면 시동이 꺼지며 프로펠러 회전이 멈춥니다.

 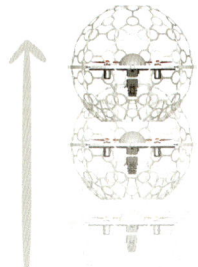

- 시동이 걸리면 왼쪽 스틱을 중립(중간위치)로 원위치한 다음 위↑로 올리면 드론이 이륙합니다. 이때 왼쪽 스틱을 위·아래로 조심히 조작하여 원하는 높이에 정지시켜서 드론을 호버링 합니다.

C. 자동 착륙

 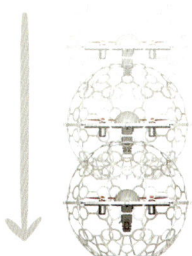

페어링 버튼 ⇕
3초 이상누르기

- 조종기의 페어링 버튼⇕을 3초 이상 누르면 드론이 비행하던 자리에 천천히 내려오며 착륙합니다. 바닥에 완전히 착륙하면 드론의 프로펠러 회전도 멈춥니다.

- 다시 이륙시키고 싶으면 다시 페어링 버튼⇕을 3초 이상 눌러 자동 이륙합니다.

D. 비상 정지

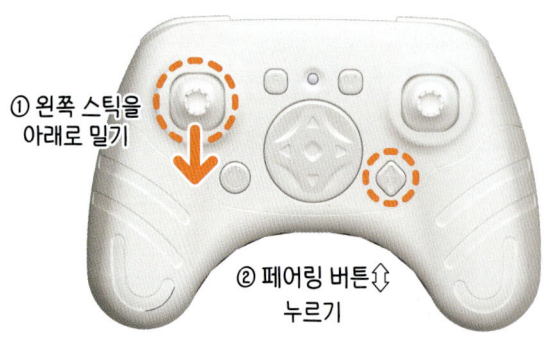
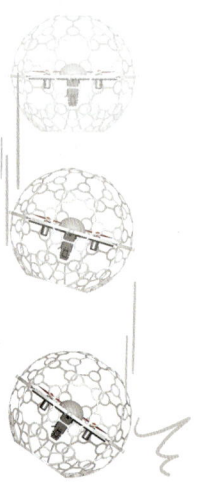

① 왼쪽 스틱을 아래로 밀기

② 페어링 버튼 누르기

- 조종기의 왼쪽 스틱을 아래↓로 내리면(①번 동작) 드론이 점점 하강합니다.

- 지면에 닿거나 닿기 직전에 페어링 버튼을 누르면(②번 동작) 프로펠러가 그 즉시 회전을 멈추며 드론이 추락합니다.

- 비상 정지 기능을 드론이 높이 날고 있을 때 사용할 경우 드론이 빠르게 추락하면서 파손될 수 있으니 주의해야 하며, 최대한 자동 착륙을 이용하되 안전이 위험한 상황에 적절히 사용하도록 합니다.

02 CHAPTER
드론을 날려보아요

 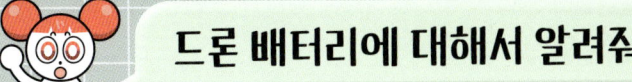

드론 배터리에 대해서 알려줘!

드론의 구성 요소 중에서 중요한 것 중 하나가 바로 '배터리'입니다. 드론의 성능이 아무리 좋더라도 배터리가 없으면 날 수 없기 때문입니다. 배터리 성능을 나타내는 여러 가지 지표들을 스카이킥EVO의 배터리를 통해서 자세히 살펴봅시다.

- 500mAh 전류량(전하량, 배터리의 용량)
- 2S 셀의 개수(배터리 속 주머니의 갯수)
- 7.6V 전압(전기를 밀어내는 힘)
- 40C-Max.60C 방전율(전기를 뿜어낼 수 있는 힘)
- 3.8Wh 전력량(1시간 동안 일한 에너지의 총량)

전류량 Capacity
배터리의 전체 사용 시간을 좌우하는 지표이며 단위는 mAh(밀리암페어)입니다. 배터리가 완전히 방전될 때까지 얼마나 전류를 출력할 수 있는지를 나타내고 수치가 클수록 용량이 크기 때문에 장시간 사용이 가능합니다. 하지만 용량이 커질수록 배터리의 크기와 무게가 증가하여 드론에 부하를 주므로 사용할 드론에 맞는 적당한 용량을 사용해야 합니다.

전압 및 셀 개수 Voltage & Cell-Count
전압이란 드론의 속도와 힘에 영향을 주는 지표이며 단위는 V(볼트)입니다. 전압이 클수록 모터를 더 빨리 회전시킬 수 있어서 드론의 속도와 힘이 증가합니다. 그리고 셀의 개수에 따라서 전압이 달라집니다.
셀은 배터리의 기본 단위로 정격 전압은 3.8V입니다. 스카이킥EVO는 2S로 배터리 안의 셀(S)이 직렬로 2개가 연결되어 있다는 뜻이며, 총 전압은 3.8V x 2S = 7.6V가 됩니다.

방전율 Discharge Rate
배터리가 순간적으로 얼마나 많은 전류를 출력할 수 있는지를 나타내는 지표이며 단위는 C(C-rate)입니다. 전류량(용량)을 주사기 안의 물로, 방전율을 주사기 구멍이라고 생각하면 쉽게 이해할 수 있습니다.
방전율이 높을수록 주사기의 구멍이 커지는 것과 같습니다. 구멍이 커질수록 더 많고 강하게 물을 뿜어낼 수 있듯이, 방전율이 커지면 전력을 강하게 내보낼 수 있기에 고난도의 비행을 할 수 있게 됩니다. 하지만 그만큼 에너지를 짧은 시간에 많이 사용하기 때문에 총 사용 시간이 줄어들게 됩니다.

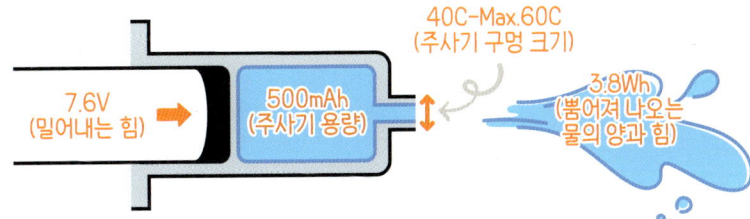

< 용량 500mAh X 전압 7.6V = 총 에너지 3.8Wh >

CODING&SPORTS
SKYKICK EVOLUTION

상황별 배터리 사용 주의사항을 알려줘!

리튬폴리머 배터리는 기존에 널리 쓰이던 니켈카드뮴(ni-cd) 또는 니켈수소(ni-mh) 배터리들보다 가볍고 출력이 높아 드론 비행에 적합하지만 사용, 충전, 보관 및 폐기 시 기존 배터리들 보다 신경써서 처리하지 않으면 화재나 폭발 등 사고의 위험성이 상대적으로 높습니다. 그러므로 다음의 주의사항을 꼼꼼히 살피고 내용을 준수해야 합니다.

배터리 사용 시	(1) 정격 용량 및 장비별 지정된 정품 배터리를 사용합니다. (2) 배터리 경고 알람이 발생하면 즉시 착륙 후 다른 배터리로 교체합니다. (3) 배터리가 부풀거나(스웰링 현상) 손상되었을 때는 사용하지 않습니다. (4) 배터리는 온도에 민감하므로 적정 온도 범위에서 사용합니다. 고온에서는 폭발의 위험이 있고, 저온에서는 고장의 원인이 될 수 있습니다. (5) 전기 및 전자기가 발생하는 환경에서 사용하지 않고, 임의로 분해하거나 훼손하지 않습니다. ※ 스웰링 현상 : 과충전이나 과방전에 의해 배터리 내부에 기체가 발생하여 부풀어오르는 현상입니다. 배터리가 스웰링 되었다면 바로 폐기하세요.
배터리 충전 시	(1) 반드시 적합한 충전기를 사용하여 충전합니다. (2) 충전 상태를 주기적으로 확인합니다. 적은 용량의 배터리는 대부분 과충전 방지 장치가 없기 때문에 폭발의 위험이 있으므로 과충전되지는 않는지 확인해야 합니다. (3) 충전이 완료되거나 사용하지 않을 때는 충전기와 분리합니다. (4) 비행 후 배터리 온도가 높아진 상태에서 바로 충전하지 않습니다. 그렇지 않으면 배터리가 손상될 가능성이 있습니다. (5) 통풍이 잘 되고 주변에 불이 붙을 수 있는 물체가 없는 곳에서 충전합니다.
배터리 보관 시	(1) 배터리는 사용 후 80%정도 충전된 상태로 보관합니다. 완전히 충전하거나 과방전된 상태에서 보관하면 배터리 수명이 짧아질 수 있습니다. 배터리를 완충한 후 1분 정도 호버링하여 배터리를 소모시킨 후 보관하는 것이 적절합니다. (2) 22℃~28℃ 정도의 적절한 온도에서 보관하며 어린이나 동물이 접근하지 못하도록 합니다. (3) 열이 발생하는 기구 주변에 보관하지 않습니다. (더운 날씨의 차량 내부 포함) (4) 손상된 배터리나 전력 수준이 50% 이상인 상태에서 배송하지 않습니다.
배터리 폐기 시	(1) 소금물에 담궈둔 뒤 완전히 방전된 후 지정된 폐건전지 수거함에 폐기합니다. (2) 배터리에 전구나 모터 등을 연결하고 전압을 소비하여 완전히 방전 후 지정된 폐건전지 수거함에 폐기합니다. (3) 방전모드 기능이 있는 충전기를 사용하여 완전히 방전 후 지정된 폐건전지 수거함에 폐기합니다. (4) 배터리 폐기 업체에 폐기 요청을 합니다.

CHAPTER 03
호버링을 해요

드론이 안정적으로 정지 비행(호버링)을 하기 위한 미세 조정(트림 설정)방법과 기초 조작법을 살펴보고 호버링 실습을 해봅시다.

1 드론 미세 조정하기(트림 설정하기)

미세 조정은 트림(Trim) 설정이라고도 합니다. 수백만 원 이상인 고가의 드론들의 경우 정확한 호버링(공중 정지 비행)을 위하여 GPS나 지자기 센서, 비전 센서 등을 복합적으로 장착하고 있어 이륙하면 거의 움직임 없이 안정적으로 호버링이 가능합니다.

최근 저가형 입문용 드론들도 오토 호버링 기능을 지원하고 있는 경우들이 많습니다. 하지만 고가의 드론들처럼 다양한 센서들을 활용하고 있지는 않습니다. 따라서 이륙 후 오토 호버링 기능이 작동하고 있는 상태에서 조종기의 스틱을 건드리지 않았는데 드론이 원하지 않는 방향으로 스르르 미끄러지듯 움직이는 상황이 발생하기도 합니다.

이러한 현상을 두고 드론이 이상한 것이라고 생각할 필요는 없으며 드론이 제자리에서 멈추어 호버링 할 수 있도록 미세 조정(트림 설정)을 통해 간단히 해결할 수 있습니다.

A. 드론 미세 조정을 위한 트림 설정 버튼 위치

① 일반 항공용 조종기의 미세 조정 방법

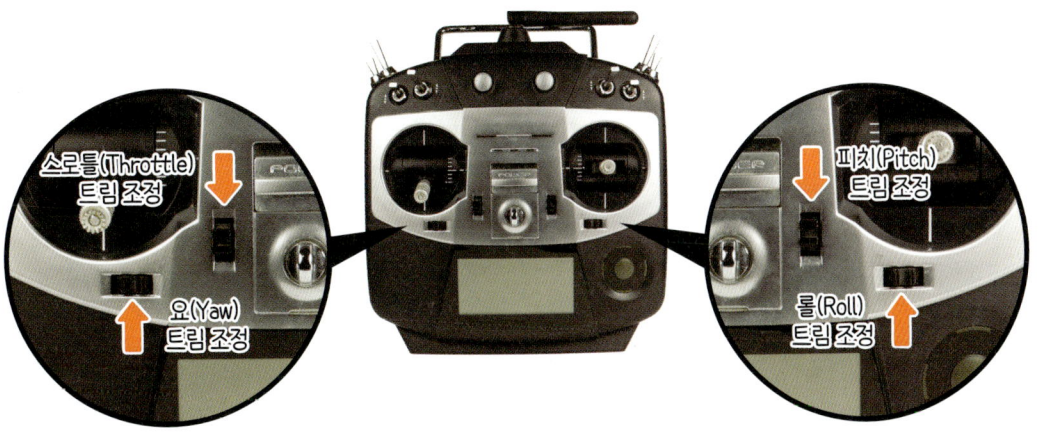

〈왼쪽 스틱 트림 조정〉　　　　　　　　　〈오른쪽 스틱 트림 조정〉

- 일반 항공용 조종기의 경우 스로틀, 요, 피치, 롤 등 모든 드론의 움직임에 대하여 미세 조정(트림 설정)이 가능합니다.
- 드론을 새롭게 구입하거나 수리하였을 때, 또는 드론에 탑재된 기자재가 변경되었을 경우 첫 비행에서 수평 비행과 호버링 상태를 점검한 후 미세 조정을 실시합니다.

② 스카이킥EVO의 미세 조정 위치와 기능

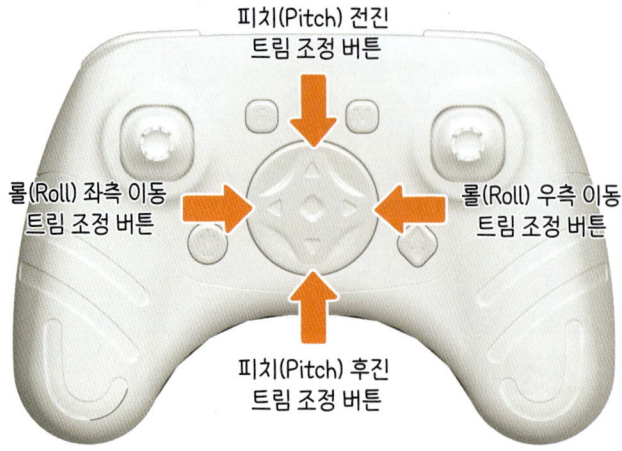

- 일반적인 RC 조종기와 달리 입문용 또는 드론 전용 조종기의 경우 미세 조종 버튼이 간소화되어 있거나 스틱과 합쳐져있는 경우도 있습니다.

- 스카이킥EVO의 트림 버튼은 조종기의 가운데 부분에 위치하고 있습니다.

- 스카이킥EVO의 경우 앞·뒤 이동(피치, Pitch)과 좌·우 이동(롤, Roll)에 해당하는 동작만 미세 조정할 수 있습니다.

- 스카이킥EVO의 조종기는 일반 무선조종 항공용 조종기와 다르게 상·하 이동(스로틀, Throttle)과 좌·우 회전(요, Yaw)의 미세 조정을 위한 버튼은 장착되어 있지 않습니다.

B. 드론의 움직임 별 미세 조정 방법

① 드론이 오른쪽으로 흐르는 경우

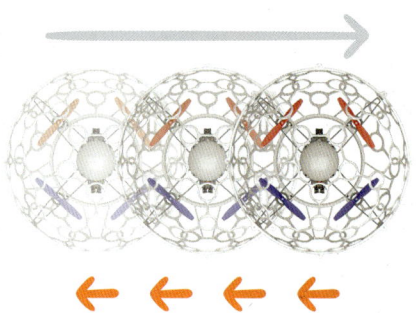

- 이륙 후 스틱을 조작하지 않았는데도 드론이 오른쪽으로 흐르는 경우 드론이 더 이상 오른쪽으로 흐르지 않고 정지할 때까지 왼쪽 미세 조정 버튼 ◁을 여러 번 누릅니다.

- 이때 미세조정 버튼을 너무 많이 누르면 처음 흐르던 방향의 반대편(왼쪽)으로 드론이 흐를 수 있습니다. 그럴 경우 다시 오른쪽 미세 조정 버튼 ▷을 한두 번 눌러서 더이상 미끄러져 흐르지 않고 제자리에 멈춰서 호버링할 때까지 조절합니다.

② 드론이 앞쪽으로 흐르는 경우

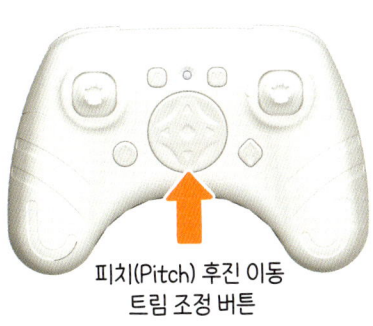

피치(Pitch) 후진 이동
트림 조정 버튼

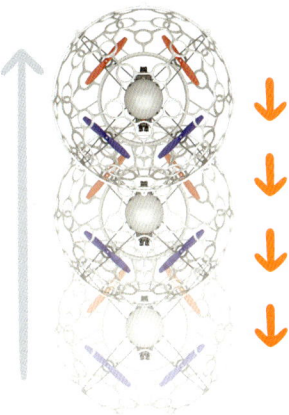

- 이륙 후 스틱을 조작하지 않았는데도 드론이 앞쪽으로 흐르는 경우 드론이 더 이상 앞으로 흐르지 않고 정지할 때까지 아래쪽 미세 조정 버튼▽을 여러 번 누릅니다.

- 이때 미세조정 버튼을 너무 많이 누르면 처음 흐르던 방향의 반대편(뒤쪽)으로 드론이 흐를 수 있습니다. 그럴 경우 다시 위쪽 미세 조정 버튼△을 한두 번 눌러서 더이상 미끄러져 흐르지 않고 제자리에 멈춰서 호버링할 때까지 조절합니다.

③ 드론이 대각선으로 흐르는 경우

롤(Roll) 좌측 이동
트림 조정 버튼

피치(Pitch) 후진 이동
트림 조정 버튼

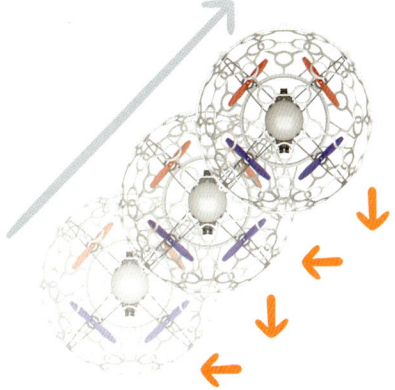

- 이륙 후 스틱을 조작하지 않았는데도 드론이 오른쪽 대각선 앞쪽으로 흐르는 경우 드론이 더 이상 앞으로 흐르지 않고 정지할 때까지 왼쪽 미세 조정 버튼◁, 아래쪽 미세 조정 버튼▽두개를 여러 번 누릅니다.

- 이때 미세조정 버튼을 너무 많이 누르면 처음 흐르던 방향의 반대편(왼쪽 대각선 뒤쪽)으로 드론이 흐를 수 있습니다. 그럴 경우 다시 왼쪽 미세 조정 버튼▷과 위쪽 미세 조정 버튼△을 한두 번 눌러서 더이상 미끄러져 흐르지 않고 제자리에 멈춰서 호버링할 때까지 조절합니다.

2. 드론 기초 조작하기

드론을 다룰 때 가장 기초적인 용어에 대해서 알아봅시다. 다른 드론 조종자들과 이야기를 나눌 때에도 수시로 사용되는 단어들이므로 암기하고 익숙해져야만 합니다. 그리고 각 용어에 해당하는 드론 조종 동작에 대해서 알아봅시다.

A. 드론의 비행 동작 관련 용어(모드 2 기준)

용어	비행동작	내용
PITCH (피치)	전진·후진	드론이 앞·뒤로 기울어지며 전진·후진하는 동작
ROLL (롤)	좌·우 이동	드론이 좌·우로 기울어지며 좌·우로 이동하는 동작
THROTTLE (스로틀)	상승·하강	드론의 모터출력을 조절하여 상승·하강하는 동작
YAW (요)	좌·우 회전	드론이 제자리에서 좌·우로 회전하는 동작

Throttle (스로틀) 상승 · 하강
Yaw (요) 좌 · 우 회전
Pitch (피치) 전진 · 후진
Roll (롤) 좌 · 우 이동

B. 비행 기초 조작 방법 (모드 2 기준)

전진·후진을 위한 동작

드론을 전진·후진시키기 위해 조종기의 오른쪽 스틱을 위아래로 밀어서 조종합니다.

· 오른쪽 스틱을 ❶ 번 방향으로 움직이면 드론이 전진합니다.

· 오른쪽 스틱을 ❷ 번 방향으로 움직이면 드론이 후진합니다.

좌·우 이동을 위한 동작

드론을 좌·우로 움직이기 위해 조종기의 오른쪽 스틱을 좌·우로 밀어서 조종합니다.

· 오른쪽 스틱을 ❶ 번 방향으로 움직이면 드론이 좌측으로 움직입니다.

· 오른쪽 스틱을 ❷ 번 방향으로 움직이면 드론이 우측으로 움직입니다.

상승·하강을 위한 동작

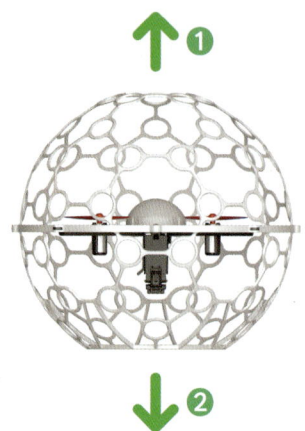

드론을 상승·하강시키기 위해 조종기의 왼쪽 스틱을 위아래로 밀어서 조종합니다.

· 왼쪽 스틱을 ❶ 번 방향으로 움직이면 드론이 상승합니다.

· 왼쪽 스틱을 ❷ 번 방향으로 움직이면 드론이 하강합니다.

좌·우 회전을 위한 동작

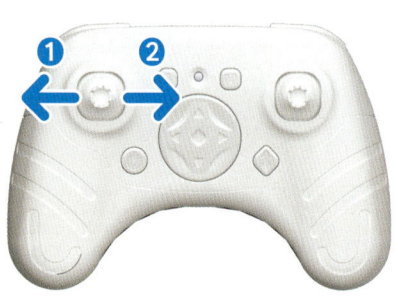
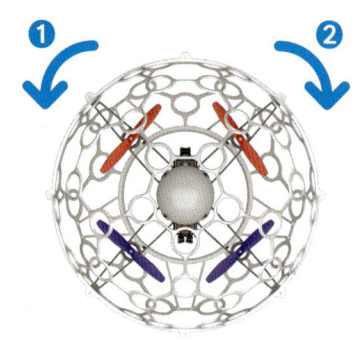

드론을 좌·우로 회전시키기 위해 조종기의 오른쪽 스틱을 좌·우로 밀어서 조종합니다.

· 오른쪽 스틱을 ❶ 번 방향으로 움직이면 드론이 제자리에서 좌측으로 머리를 돌리며 회전합니다.

· 오른쪽 스틱을 ❷ 번 방향으로 움직이면 드론이 제자리에서 우측으로 머리를 돌리며 회전합니다.

※ 조종기 스틱을 움직이는 정도에 따라 드론이 빠르거나 느리게 움직입니다. 스틱을 한 번에 끝까지 밀지 않고 조금씩 움직이며 조종하세요.

3 호버링(Hovering) 하기

호버링(Hovering)이란 드론이 일정한 높이를 유지하면서 한 지점을 벗어나지 않고 제자리에서 가만히 비행하는 것을 말합니다. 다른 말로 정지 비행 또는 제자리 비행이라고 부르기도합니다. 호버링은 모든 비행의 기초가 되며 호버링을 잘 할 수 있어야 정확한 비행이 가능해 집니다.

호버링은 조종자가 드론의 어디를 바라보고 실시하느냐에 따라 기본 호버링, 측면 호버링, 정면 호버링으로 구분할 수 있습니다. 흔히 후면, 좌측면, 우측면, 정면 호버링 네 가지 호버링을 통틀어 '4면 호버링'이라고 합니다. 4면 호버링을 완벽하게 해낸다면 앞으로 배우게 될 비행을 원활하게 수행할 수 있을 정도로 실력이 발전할 수 있습니다.

A. 기본 호버링 (후면 호버링)

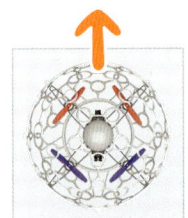

- 기본 호버링은 조종자가 드론의 후면을 보면서 조종하는 것으로 드론의 움직임과 조종기 오른쪽 스틱의 움직임이 일치합니다.

- 기본 호버링은 드론의 움직임에 반응하기 가장 수월하지만, 만약 드론이 회전할 경우 오른쪽 스틱의 움직임과 드론의 움직임이 달라져 당황하기 쉽습니다. 이럴 때는 왼쪽 스틱을 좌우로 움직여서 다시 조종자가 드론의 후면을 정확히 바라볼 수 있게 회전시킨 후 조종해야 합니다.

B. 측면 호버링

- 측면 호버링은 조종자가 드론의 좌측면 또는 우측면을 바라보며 호버링하는 것입니다. 드론의 정면은 조종자의 시선을 기준으로 왼쪽 또는 오른쪽으로 90도 틀어져 있습니다.

- 측면 호버링은 기본 호버링과 달리 조종기의 레버를 움직이는 방향과 드론이 다른 방향으로 움직이기 때문에 항상 드론의 정면 방향이 어디인지 기억하고 조종해야 합니다. 방향을 기억하고 조종하는 것보다 드론에 직접 탑승하고 조종한다는 느낌으로 조종하는 것이 조금 더 쉽습니다.

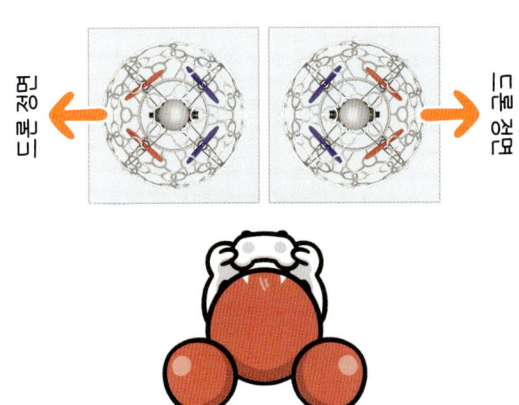

C. 정면 호버링

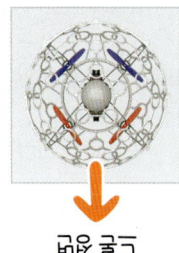

그림 방향

- 정면 호버링은 드론의 정면 방향을 조종자가 마주 보며 호버링하는 것입니다.

- 정면 호버링은 기본 호버링과 달리 스로틀을 제외한 모든 스틱의 움직임이 눈에 보이는 드론의 움직임과 반대이므로 초보자가 반응하기 가장 어렵습니다. 방향을 기억하고 조종하는 것보다 드론에 직접 탑승하고 조종한다는 느낌으로 조종하는 것이 조금 더 쉽습니다.

내가 드론에 탄 것처럼 상상하면서 조종해 보니 정말로 수월하잖아!

03 CHAPTER
호버링을 해요

항공법에 대해서 알려줘!

항공 3법

항공안전법	항공기 기술기준, 종사자, 항공교통, 초경량 비행 장치 등
항공사업법	항공기 운송 사업, 사용 사업, 교통 이용자 보호 등
공항시설법	공항 및 비행장의 개발, 항행안전시설 등

우리나라 법에는 항공과 관련된 '항공법'이 제정되어 있습니다. 항공기를 운용하거나 항공 관련 사업을 하는 사람들은 모두 이 항공법에 적용되어 법을 준수하여야 합니다. 드론도 항공기로 분류되기 때문에 드론을 날리기 전에 어떠한 법이 있는지 미리 알아두어야 합니다.

우리나라는 2017년 3월 30일에 기존 항공법을 항공 안전법, 항공 사업법, 공항 시설법 3가지로 분리하여 시행하고 있습니다. 드론은 초경량비행장치로 분류가 되기 때문에 다음 조항의 적용을 받습니다.

(1) 항공안전법 : 제 122조~제 131조 (신고, 인증, 비행 승인, 전문교육기관 등 관련)
(2) 항공사업법 : 제 48조~제 49조 (초경량 비행 장치 사용 사업 관련)

법에 대한 자세한 내용은 '국가법령정보센터'에서 확인할 수 있습니다.

국가법령정보센터 홈페이지 - http://www.law.go.kr/main.html

CODING&SPORTS
SKYKICK EVOLUTION

드론 조종자 준수사항에 대해서 알려줘!

국토교통부에서는 안전한 비행을 위하여 항공법에 기초하여 드론 조종자 준수사항을 다음과 같이 지정하고 있습니다.

드론 조종자 준수사항

가시거리 범위 외 비행 금지

초경량 비행 장치 조종자는 항공기 또는 경량 항공기를 육안으로 식별하여 미리 피할 수 있도록 주의

음주 비행 금지

조종 업무를 정상적으로 수행할 수 없는 상태에서 조종하는 행위 또는 비행 중 주류 등을 섭취하거나 사용 금지

비행 중 낙하물 투하 금지

인명이나 재산에 위험을 초래할 우려가 있는 낙하물 투하 금지

유인항공기 접근 시 회피
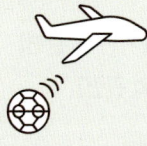
초경량 비행 장치 조종자는 모든 항공기, 경량 항공기 및 동력을 이용하지않는 초경량 비행 장치에 대하여 진로 양보

인구밀집 상공 위험한 비행 금지

인구가 밀집된 지역이나 그 밖에 사람이 많이 모인 장소의 상공에서 위험한 비행 금지

장치에 소유자 정보 기재

사고나 분실에 대비하여 소유자 이름 및 연락처 기재 (최대 이륙 중량2kg 초과 기체신고, 21년 1월 1일 부터)

야간 비행 금지

일몰 후부터 일출 전까지 야간시간 비행 금지

고도 150m 이상 비행 금지
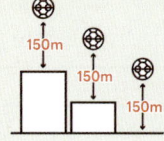
지면·수면 또는 구조물 최상단 기준, 150m이상 고도에서 비행해야 할 경우 지방항공청 또는 국방부 허가 필요

조종자 유의사항
- 군 방공 비상사태 인지 시 즉시 비행 중지
- 항공기 부근에 접근 금지
- 다른 초경량 비행 장치에 가깝게 접근 금지
- 정해진 용도 이외 사용 금지
- 사주경계 철저
- 기상 악화 시 비행 금지
- 고압 송전선 부근 비행금지
- 장애물 없는 곳에서 이·착륙
- 최대 이륙 중량 초과 금지
- 이륙 전 기체 및 엔진 점검
- 기체 흔들기, 자세 기울이기, 급상승, 급강하, 급선회 금지

비행 금지 구역, 관제권 비행 금지

비행 금지 구역 (청와대 인근·중심으로부터 3.8km, 서울 강북 청와대 인근·중심으로부터 8km, 휴전선 부근, 원전 중심으로부터 18.6km), 관제권 (비행장 공항 참조점으로부터 9.3km 이내)

내용출처 - 국토교통부

CHAPTER 04

기본 비행을 해요

드론의 상승과 하강, 전진과 후진, 전·후·좌·우 이동을 차례로 연습하고, 정확하게 비행하기 위한 주의사항을 알아본 다음 호버링 게임으로 친구들과 즐겁게 비행해 봅시다.

1 드론 직선 비행하기

상승과 하강, 전진과 후진, 전·후·좌·우 이동 비행 연습을 통해 드론을 일정한 속도를 유지하며 직선으로 조종할 수 있어야 합니다. 일정한 속도로 천천히 직선 이동하는 비행은 높은 집중력과 섬세한 스틱 조절 능력이 필요합니다. 그렇기 때문에 빠른 속도로 직선 비행하는 것에 비해 조금 더 어려움을 느낄 수 있습니다.

A. 상승과 하강

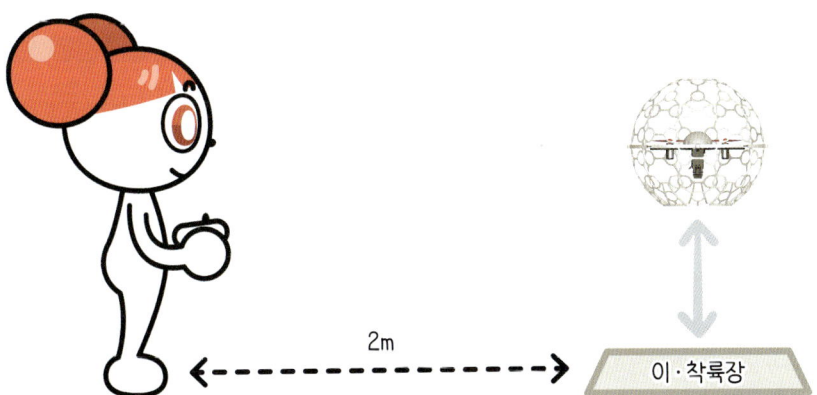

① 드론을 이·착륙장에서 이륙시킵니다.

② 이륙한 후 가슴 높이까지 드론의 고도를 조절합니다.

③ 10초간 기본 호버링을 합니다.

④ 이륙한 위치에 정확히 착륙시킵니다.

※ 자동 이·착륙만 사용하지 않고 수동 이·착륙도 연습합니다.

※ 이·착륙이나 호버링 시 스틱을 움직이지 않았음에도 드론이 어떤 방향으로 스스로 움직인다면 미세 조정(트림)을 하거나 오른쪽 스틱(피치, 롤)으로 움직이는 방향의 반대로 조작하여 안정적인 직선 비행과 호버링을 할 수 있도록 합니다.

※ 착륙장이 없을 경우 울라후프를 사용하거나, 바닥에 테이프를 붙여서 이·착륙 장소 표시를 합니다.

B. 전진과 후진

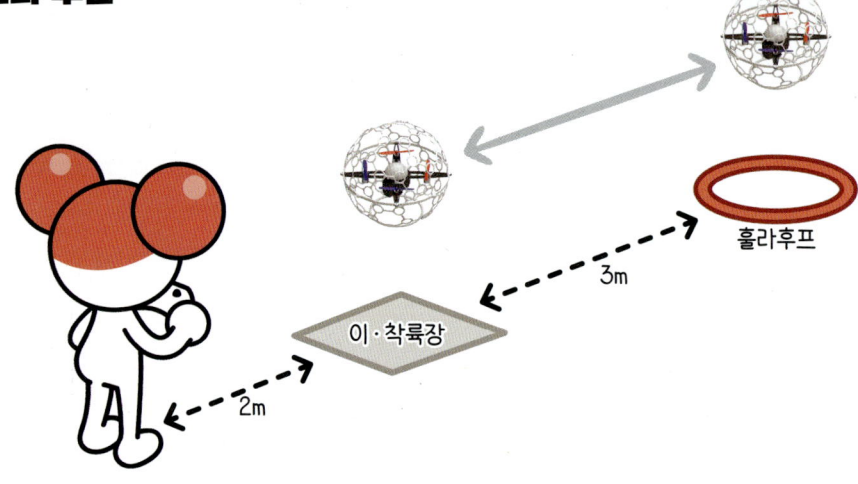

① 드론을 이·착륙장에서 이륙시킵니다.

② 5초간 호버링한 후 오른쪽 스틱을 앞으로 서서히 밀어 훌라후프 지점으로 이동시킵니다.

③ 훌라후프 위에서 5초간 호버링한 후 오른쪽 스틱을 서서히 당겨 원래 위치로 가져옵니다.

④ 이동 시 직선 경로를 벗어나지 않아야 하며 정확한 지점에서 호버링해야 합니다.

※ 오른쪽 스틱을 조금만 움직여 천천히, 정확히 움직이도록 합니다. 익숙해 지면 스틱의 움직임을 크게 하여 드론이 빠른 속도로 움직이도록 연습합니다.

※ 착륙장과 훌라후프의 간격은 비행 장소에 따라 조절합니다.

※ 드론이 빠른 속도로 움직이면 원하는 위치에서 정지하지 않고 벗어나는 경우가 있습니다.

C. 전·후·좌·우 이동

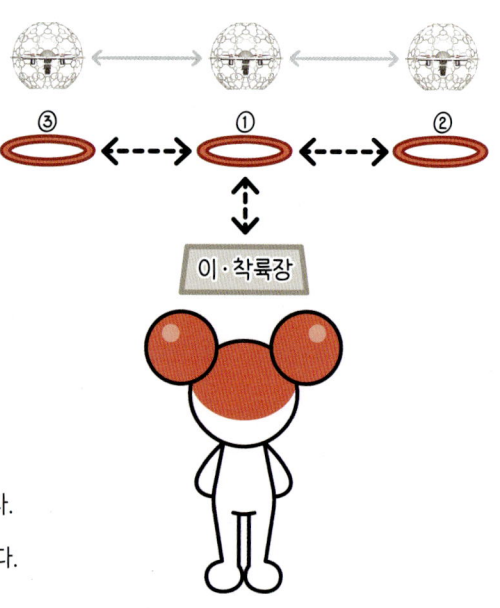

① 드론을 이·착륙장에서 이륙시킵니다.

② 오른쪽 스틱을 앞으로 밀어서 1번 훌라후프 위로 전진 이동시킵니다.

③ 5초간 호버링한 후 오른쪽 스틱을 우측으로 밀어 2번 훌라후프 지점으로 이동시킵니다.

④ 훌라후프 위에서 5초간 호버링한 후 오른쪽 스틱을 좌측으로 밀어 1번 훌라후프 지점으로 이동시킵니다.

⑤ 5초간 호버링한 후 오른쪽 스틱을 좌측으로 밀어 3번 훌라후프 지점으로 이동시킵니다.

⑥ 5초간 호버링한 후 1번 훌라우프 지점으로 이동합니다.

⑦ 오른쪽 스틱을 당겨 이·착륙장으로 이동 후 착륙합니다.

※ 드론의 비행 경로가 T 자 모양이 됩니다.

※ 비행장소에 따라 착륙장과 훌라후프의 간격을 조절해서 연습합니다.

※ 드론이 천천히 그리고 정확하게 직선 비행할 수 있도록 스틱을 조작하세요.

2 정확하게 비행하기

A. 정확하게 조종기 스틱 조작하기

〈의도한 스틱의 방향〉 〈실제로 조작한 스틱의 방향〉

드론을 조종하다 보면 의도했던 스틱의 움직임과 실제 드론의 움직임이 다를 때가 있습니다. 특히 초보 드론 조종자들의 경우, 드론을 보며 조종하는데 전진 비행을 위해 오른쪽 스틱을 앞으로 밀었지만 드론이 대각선으로 이동하는 경험을 자주 하게 됩니다.

이는 위의 그림과 같이 의도한 조종기 스틱 조작 방향과 실제로 조작된 스틱의 방향이 미세하게라도 다르기 때문입니다. 의도한 방향과 실제 움직인 스틱의 방향을 일치시키기 위해서는 우선 조종기를 바르게 잡고 있는지 확인해야합니다.

또한 스틱을 정확한 방향으로 움직일 때의 손가락이 움직이는 느낌에 대해 연습을 통해 충분히 느끼고 기억하며 숙련도를 높여야 합니다. 혼자 조종 연습을 할 때 의도한 스틱 방향과 실제 조작한 스틱 방향을 수시로 확인하는 것이 어렵다면, 조종기와 조작하는 손의 영상을 찍어 문제점을 찾아 해결할 수 있습니다.

B. 보상키 움직이기

① 드론 전진 방향
② 보상키

조종이 익숙해지면 점점 스틱의 움직임이 과감해지고 빠른 속도로 비행할 수 있게됩니다. 그러다 보면 드론이 의도했던 정지 위치를 지나치며 장애물이나 사람과 충돌 하게되는 상황이 발생되기도 합니다. 빠른 속도에서도 원하는 위치에 정확하게 정지하기 위해서는 '보상키'를 사용해야 합니다.

보상키란 스틱을 조작했던 방향의 반대 방향으로 순간적으로 움직여서 드론의 이동 속도를 급격히 줄게하여 드론을 원하는 지점에 정확히 멈추게 하는 동작을 말합니다. 스틱을 ①번 방향으로 움직여 드론이 전진할 때 정지할 위치에서 스틱을 중립으로 두면 마치 얼어버린 도로 위에서 자동차가 즉시 멈추지 못하는 것과 같이, 드론도 정지 지점을 지나쳐 비행하던 방향으로 더 이동하고서야 멈추게 됩니다. 이때 ①번 방향으로 밀었던 스틱을 중립(제자리)이 아닌 ①번의 반대 방향, 즉 ②번으로 빠르게 순간적으로 살짝 당겼다 중립으로 놓으면 드론이 원했던 지점을 지나치지 않고 원하는 자리에 정확히 멈추게 됩니다.

하지만 정확하게 스틱을 조작하는 것이 익숙하지 않을 경우, 나도 모르는 사이에 보상키를 조작하다 직선이 아닌 대각선 방향으로 스틱을 움직여 드론이 대각선으로 움직이는 상황이 발생할 수 있습니다. 보상키 조작은 매우 어려운 동작이므로 충분한 연습이 필요합니다.

C. 호버링 게임하기

지루하기 쉬운 호버링 연습을 게임을 통해 즐겁게 할 수 있습니다. 착륙장과 훌라후프를 적절히 배치하여 제한시간 동안 호버링 하기, 상대방보다 오래하기, 후면·측면·정면 호버링 하기, 노래부르며 호버링 하기 등 다양한 방법으로 할 수 있습니다. 호버링은 드론 조종의 기초이며 가장 중요합니다. 숙련자는 정면 호버링을 수 분 이상 할 수 있습니다.

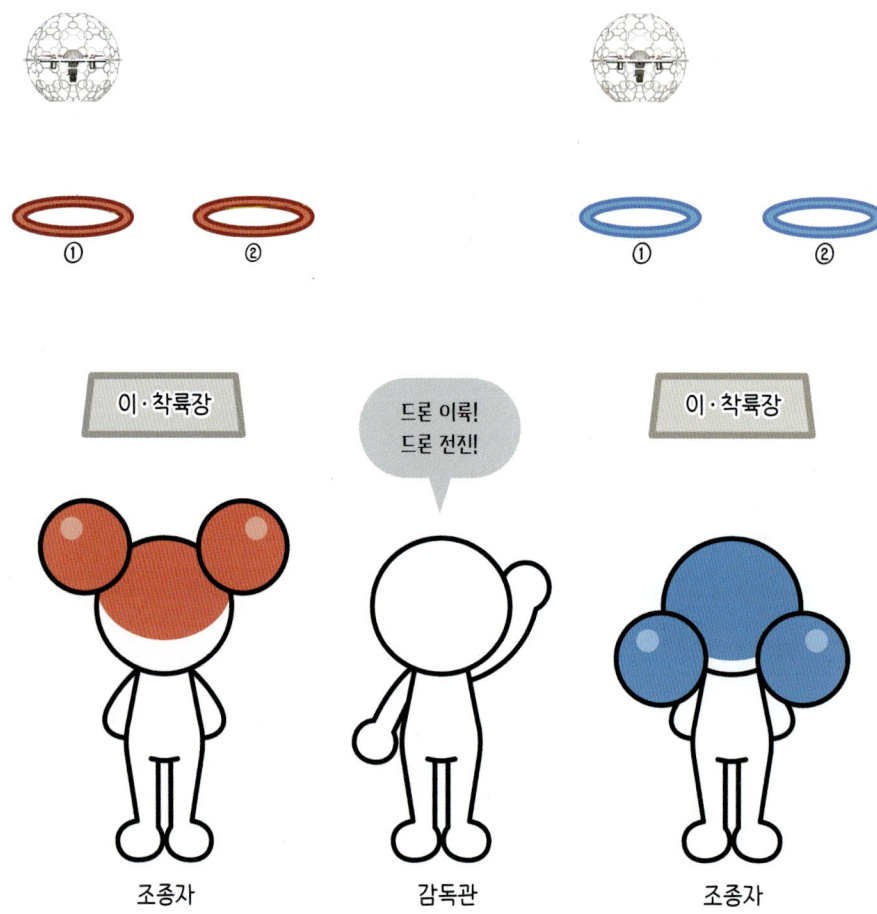

① 조종자 두 명이 감독관의 지시에 따라 동시에 이륙하여 호버링을 합니다.

② 감독관의 지시에 따라 각각 자신의 앞에 있는 훌라후프 위로 이동 비행한 후, 후면·측면·정면 호버링 가운데 지정된 호버링을 수행함으로써 상대방 조종자와 함께 연습 및 경기를 하도록 합니다.

※ 처음 비행 연습을 할 때는 비행 상태에서 속도를 가장 낮은 단계(1단계)로 하여 조종하고, 실력이 향상되면 점차 비행 속도를 증가시키는 것이 바람직합니다. 비행 속도 조절은 비행 상태에서 조종기의 L 버튼과 R 버튼을 눌러 조절할 수 있습니다.

04 CHAPTER
기본 비행을 해요

드론의 종류에 대해서 알려줘!

드론은 구별 방법에 따라 여러 가지 종류가 있습니다. 먼저 프로펠러의 형태에 따른 드론의 종류를 알아볼까요? 우리가 흔히 알고 있는 드론은 프로펠러가 회전하는 형태입니다. 그런데 비행기처럼 날개가 고정된 드론도 있다는 사실 알고 있나요? 다음 표를 보면서 프로펠러 형태에 따른 드론의 종류와 특징을 알아봅시다.

종류	특징	드론 외형
고정익	구조가 단순하고 고효율(장시간) 비행이 가능하지만 호버링 및 저속비행이 불가능합니다. 넓은 지역을 빠르고 오랫동안 비행할 수 있어서 군용 및 감시, 정찰용으로 주로 활용됩니다.	
회전익	고정익보다 비행 효율, 속도, 항속거리 등은 불리하지만 활주로 없이 이·착륙이 가능하고 호버링 및 자유로운 방향 전환이 가능합니다. 항공 촬영, 소방, 방제 등 다양한 분야에 활용되고 있습니다.	
틸트로터	고정익과 회전익의 단점을 보완한 형태의 프로펠러로 수직 이·착륙을 한 후 고정익 날개로 비행할 수 있습니다. 비행 능력이 우수하지만, 제작 비용이 높은 단점이 있고, 함상용, 군용 및 통신 중계용 등으로 활용되고 있습니다.	

스카이킥EVO는 프로펠러 개수가 4개지만 모든 회전익 드론의 프로펠러 개수가 4개인 것은 아닙니다. 이번에는 프로펠러의 수에 따른 드론의 종류를 알아봅시다.

종류	특징	드론 외형
트라이 콥터	꼬리 부분에 날개를 추가한 형태로 조종하기가 어렵고, 쿼드콥터보다 안정성이 떨어집니다. 하지만 방향을 빠르게 바꿔서 움직일 수 있는 기동성이 우수합니다.	
쿼드 콥터	스카이킥EVO와 같이 프로펠러가 4개인 드론입니다. 구조적, 시각적으로 안정성이 좋아서 가장 많이 사용되는 드론의 종류입니다.	
헥사 콥터 옥토 콥터	프로펠러의 개수가 많아 양력(뜨는 힘)이 세고 안정성이 좋습니다. 비행 중 프로펠러 하나에 이상이 생겨도 나머지 프로펠러로 안전하게 착륙할 수 있어 주로 고가의 장비가 장착되는 드론입니다.	

CHAPTER 05

드론과 교실 한 바퀴

사각형 형태의 비행 코스를 빠르고 정확하게 비행하기 위한 연습을 해봅시다.

1 사각형 코스 준비하기

교실을 비행장으로 만들기

① 책상을 이동시켜 교실 벽을 따라 드론을 날리며 걸을 수 있는 공간을 만듭니다.

② 공간이 가장 넓은 교실 뒤편에 이·착륙장을 만듭니다.

③ 드론을 이륙시킨 후 드론의 뒤를 따라 걸으며 교실을 한 바퀴 돌아 착륙합니다.

④ 비행과 코스가 익숙해 지면 한 바퀴 도는 시간을 기록하며 경기를 진행합니다.

※ 비행에 익숙해지면 걷는 것을 넘어 달려가며 드론을 비행할 수 있습니다.
※ 교실보다 넓은 공간이라면 동시에 여러 명이 출발해서 경기하는 것도 가능합니다.

② 사각형 코스 따라 비행하기

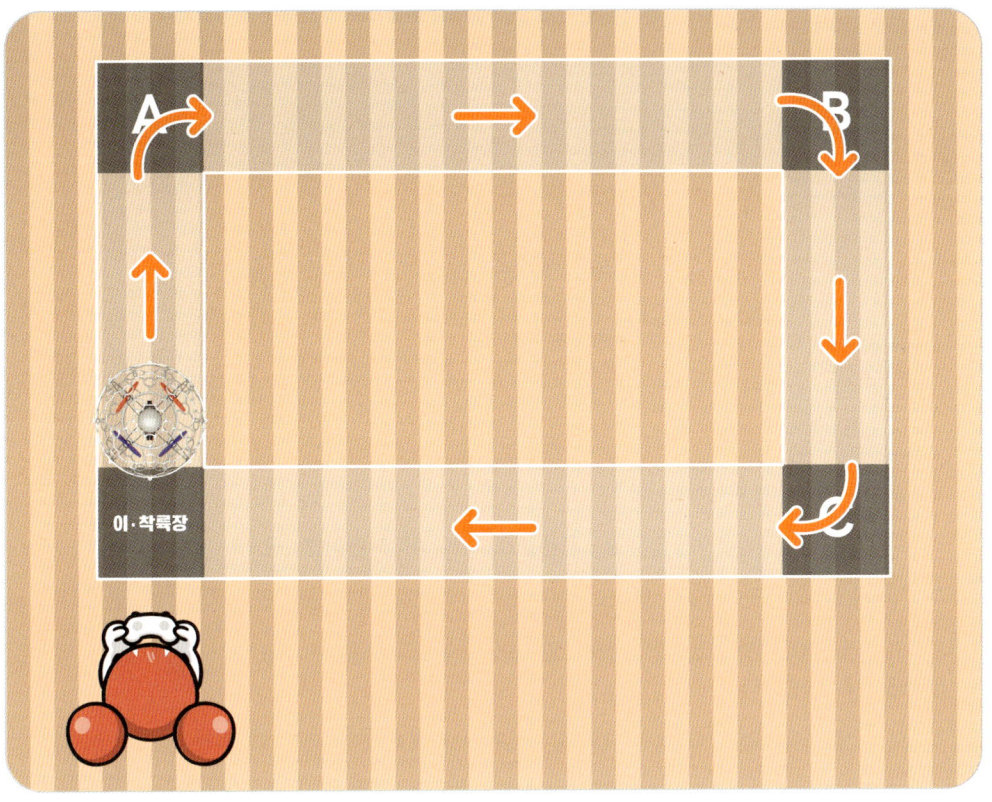

A. 전면 지향 비행

사각형 코스의 코너를 이동할 때, 드론의 머리가 회전하지 않고 고정된 채 코너를 비행합니다.

① 오른쪽 스틱 앞으로 밀기
② 오른쪽 스틱 우측으로 밀기
② 오른쪽 스틱 우측으로 밀기
① 오른쪽 스틱 앞으로 밀기

① 드론을 이·착륙장에서 이륙시킵니다.

② 조종자는 정해진 자리에서 이동하지 않고 드론을 조종하여 A까지 전진합니다.

③ A위치에서 3초간 기본(후면)호버링 후, 조종기의 오른쪽 스틱을 우측으로 밀어 B까지 이동합니다.

④ 각각의 코너를 이동할 때 드론의 정면은 고정시키고 오른쪽 스틱으로만 조종하여 이·착륙장으로 돌아옵니다.

※ 드론이 장애물에 부딪혀 회전한 경우에만 왼쪽 스틱을 좌우로 조작하여 다시 드론의 후면을 바라볼 수 있는 상태로 만듭니다.
※ 비행 장소에 따라 적절한 크기의 코스와 장애물을 사용하면 좋습니다(코스의 각 코너에 봉을 세워 바깥쪽으로 비행하기 등).

B. 진행방향 지향 비행

사각형 코스의 코너를 이동할 때, 드론의 정면이 코스가 꺾이는 방향으로 회전하여 비행합니다.

①, ③ 오른쪽 스틱 앞으로 밀기

② 왼쪽 스틱 우측으로 밀기

① 드론을 이·착륙장에서 이륙시킵니다.

② 조종자는 정해진 자리에서 이동하지 않고 드론을 조종하여 A까지 전진합니다.

③ A위치에서 드론의 정면이 우측을 향하도록 왼쪽 스틱을 우측으로 밀어서 90°만큼 제자리 회전을 합니다.

④ 드론의 정면과 B로 향하는 코스가 정확하게 일치하면 왼쪽 스틱을 중립에 두고, 다시 오른쪽 스틱을 앞으로 밀어 B까지 직진합니다.

⑤ 각각의 코너를 이동할 때 드론의 정면을 이동할 코스와 일치하도록 회전시키며 이·착륙장으로 돌아옵니다.

※ 모든 방향의 호버링을 할 수 있어야 가능한 비행입니다.
※ 머리로 생각하고 계산하여 회전 방향과 이동 방향을 판단하기보다, 드론에 조종자가 탑승하고 있는 상태에서 드론의 회전 방향과 이동 방향을 결정한다고 상상하면 조종하는 것이 훨씬 수월해집니다.
※ 비행에 숙달되면 A, B, C 코너에서 멈추지 않고 회전하며 비행할 수 있습니다.

05 CHAPTER
드론과 교실 한 바퀴

스카이킥EVO의 이스케이프 모드에 대해서 알려줘!

스카이킥EVO는 '이스케이프(Escape) 모드'를 지원합니다. 이전의 스카이킥2에서는 '헤드리스(Headless) 모드'라는 이름으로 사용되었으며 다른 드론들에서는 '앱솔루트(Absolute) 모드' 또는 '코스락(Course Lock) 모드'라고 불리기도 합니다. 이스케이프 모드는 조종자가 바라보는 시점 기준으로 드론을 조종하는 모드입니다. 스카이킥EVO는 조종기의 E 버튼을 짧게 눌러 모드를 켜거나 끌 수 있습니다.

일반 모드(이스케이프 모드 OFF 상태)에서는 드론의 앞부분(정면)을 기준으로 드론의 전·후·좌·우 조종 방향이 결정됩니다. 드론이 조종자와 마주 보고 있을 경우 조종자가 오른쪽 스틱을 왼쪽으로 밀면 드론은 조종자의 시점에서 오른쪽으로 움직이게 됩니다.

하지만 이스케이프 모드에서는 드론의 앞부분(정면)이 그 어떤 방향을 향하더라도 조종자의 기준으로 드론의 전·후·좌·우 움직임이 결정됩니다. 즉, 드론이 어느 방향을 향하는지와는 관계없이 조종기의 오른쪽 스틱을 오른쪽으로 밀면 드론이 오른쪽으로 이동하고, 앞으로 밀면 앞으로 이동합니다.

스카이킥2에서 '헤드리스 모드'라 불리던 이름을 스카이킥EVO에서 '이스케이프 모드'로 바꾼 이유는 드론이 어디를 향하고 있는지 알 수 없는 위험한 상황에서 탈출(Escape) 하는 것을 돕는 기능이기 때문입니다. 하지만 드론을 조종하는 과정에서 이스케이프 모드를 자주 사용한다면 드론 조종 실력을 향상시키는데 방해가 될 수 있습니다.

특히 초보 조종자들의 경우 이스케이프 모드를 무분별하게 활용할 경우 비행 자체는 수월하게 이루어질 수 있으나 스스로의 조종 실력을 기르기 위해서는 이스케이프 모드를 사용하지 않는 것을 권장합니다.

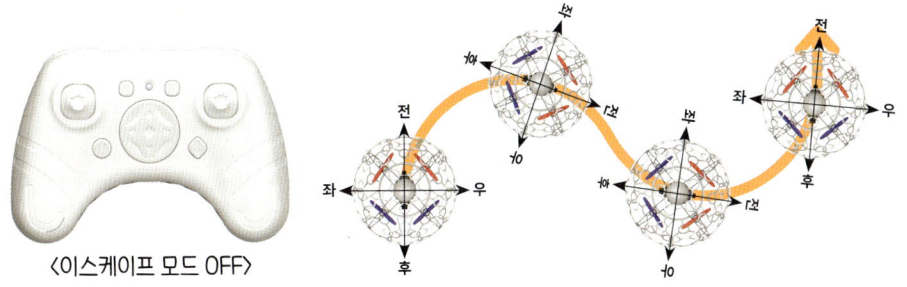

〈이스케이프 모드 OFF〉

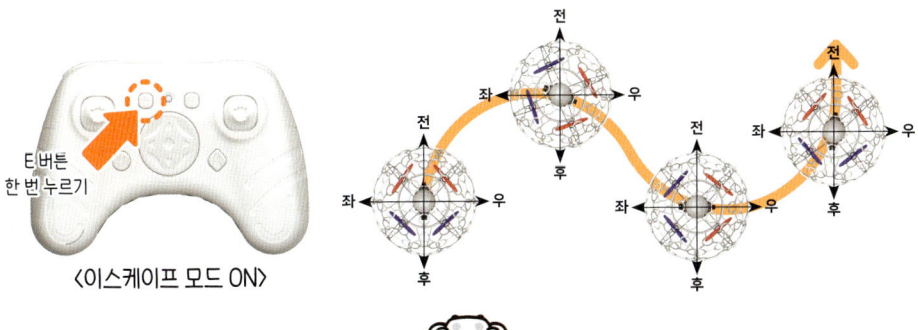

E 버튼
한 번 누르기

〈이스케이프 모드 ON〉

조종자

CHAPTER 06

복합키 조종을 해요

 조종 모드에 따라 조종기 스틱이 드론의 어떤 움직임을 담당하는지 살펴보고 다양한 복합키 조종법에 대하여 알아봅시다.

1 조종 모드와 조종 모드 변경 방법

드론의 조종기는 모드 1(Mode 1)에서 모드 4(Mode 4)까지 네 가지가 있습니다. 보편적으로 많이 사용하는 모드는 모드 1과 모드 2이며 스카이킥EVO의 조종기에서 두 모드 중 원하는 방식을 선택하여 설정할 수 있습니다.

A. 조종기의 네 가지 조종 모드

2010년대에 들어서부터 새로운 드론 사용자들이 대거 등장하는데, 이때 모드 2 조종기를 활용하여 드론 조종에 입문하는 경우가 많아졌습니다. 이러한 이유로 대부분의 입문용 드론 조종기들이 모드 2를 초기 설정으로 하고 있으며 스카이킥EVO의 조종기도 모드 2가 기본으로 설정된 상태로 제공됩니다. 하지만 스카이킥 EVO의 경우 사용자의 필요에 따라 모드 1로 변경 가능합니다.

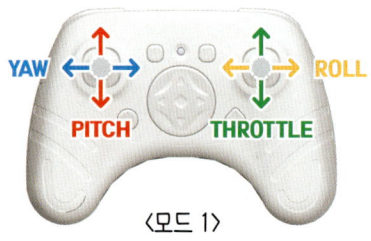
〈모드 1〉

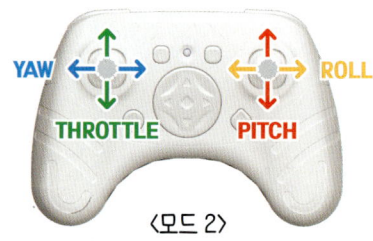
〈모드 2〉

- 모드 1은 모드 2에서 스로틀(Throttle)과 피치(Pitch)의 위치만 서로 바뀐 형태입니다.
- 모드 1은 왼쪽 스틱으로 전진, 후진과 회전을 할 수 있어서 헬기나 비행기 조종에 유리합니다.
- 모드 2는 오른쪽 스틱으로 전진, 후진과 좌우 이동이 가능하여 일반적인 드론 조종에 유리합니다.

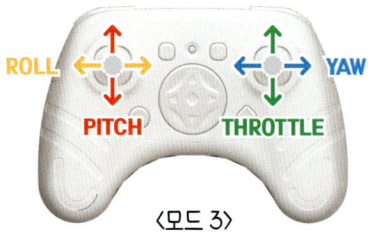
〈모드 3〉

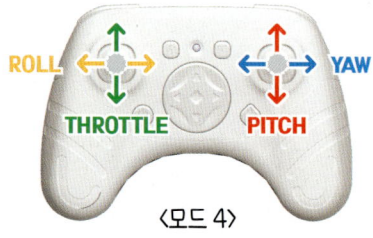
〈모드 4〉

- 모드 3과 모드 4는 각각 모드 2와 모드 1에서 왼쪽 레버와 오른쪽 레버의 역할이 바뀐 형태입니다.
- 모드 1과 모드 2에 비해서 사용자들의 선택 비율이 매우 낮습니다.

B. 스카이킥EVO 조종기 모드 변경 방법

스카이킥 조종기는 두 개의 스틱이 모두 중립에 있는 형태로 간단한 설정을 통해 모드 1과 모드 2를 변경하여 사용할 수 있습니다.

모드 1 (MODE 1)	모드 2 (MODE 2)

드론과 조종기가 연결되어 있는 상태에서 오른쪽 스틱 옆 M 버튼을 3초 이상 누릅니다. 조종기에서 부저음이 한 번 울리면서 모드 1로 설정됩니다.	드론과 조종기가 연결되어 있는 상태에서 오른쪽 스틱 옆 M 버튼을 3초 이상 누릅니다. 조종기에서 부저음이 두 번 울리면서 모드 2로 설정됩니다.

• 조종 모드의 선택과 변경

- 최근 출시되는 드론 제품의 대부분은 모드 2로 기본 설정되어 있습니다.
- 한번 익숙해진 모드를 다른 모드로 바꾸는 것은 상당히 어려우며, 급격한 조작이나 돌발 상황 발생 시 익숙한 조종 모드 습관의 영향으로 위험 상황이 발생할 수 있습니다.
- 기존 R/C 비행기나 헬리콥터를 모드 1의 방식으로 익숙하게 비행한 경험을 가지고 있는 경우가 아니라면, 처음부터 기본 설정인 모드 2의 방식으로 연습하는 것을 추천합니다.

• 모드 1 방식의 비상착륙 방법

모드 1과 모드 2의 차이는 양쪽 스틱의 세로 조작인 스로틀(상승, 하강)과 피치(좌·우 이동)가 바뀐 것입니다. 우리가 기본적으로 사용하는 모드 2 방식에서 비상 착륙을 하기 위해 왼쪽 스틱을 아래로 내리며 페어링 버튼을 누르는 것은 스로틀 조작으로 드론을 하강시키며 페어링 버튼을 누르는 것입니다.

그렇기 때문에 모드 1을 이용하는 도중 비상 착륙을 하기 위해선 스로틀 스틱이 변경된 위치인 오른쪽 스틱을 아래로 내리며 페어링 버튼을 눌러야 합니다. 스로틀 스틱과 페어링 버튼이 모두 오른쪽에 있기 때문에 빠르게 비상 착륙을 하는 것이 쉽지 않으니, 꼭 자신이 이용하려는 모드의 비상 착륙 방법을 숙지하고 있어야 합니다.

2. 복합키 조종법

드론 조종이 익숙해지면 2개의 스틱을 동시에 조작하여 드론을 조금 더 정확하고 자유롭게 비행할 수 있게 됩니다. 복합키 조종이 익숙해지면 초보를 벗어나 진정한 드론 조종자가 될 수 있습니다.

일반 조종법		오른쪽 스틱을 앞으로 밀어서 드론을 전진시킨 후, 오른쪽으로 밀어서 드론을 우측으로 이동시킵니다.
복합키 조종법		오른쪽 스틱을 우측 대각선 위로 밀면 전진(Pitch)과 우측 이동(Roll)이 동시에 동작하여 드론이 대각 방향(↗)으로 비행합니다.

A. 피치(Pitch) + 롤(Roll) 복합키 조종

피치(전진·후진) + 롤(좌·우 이동)

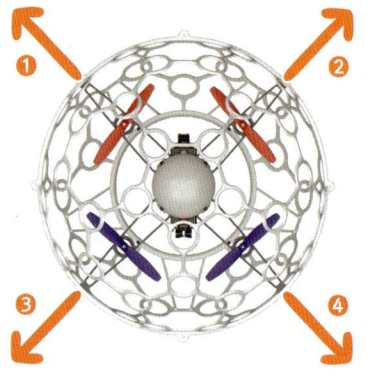

- 드론을 대각 방향으로 이동시킬 수 있습니다. 조종법은 오른쪽 스틱을 대각 방향(Pitch+Roll)으로 움직입니다.
- 스틱을 움직이는 방향과 같은 방향으로 드론이 이동하므로 쉽게 조종할 수 있습니다.
- 드론이 정확히 기본 호버링 상태여야 스틱의 방향과 드론의 이동 방향이 일치합니다.

B. 피치(Pitch) + 요(Yaw) 복합키 조종

피치(전진·후진) + 요(좌·우 회전)

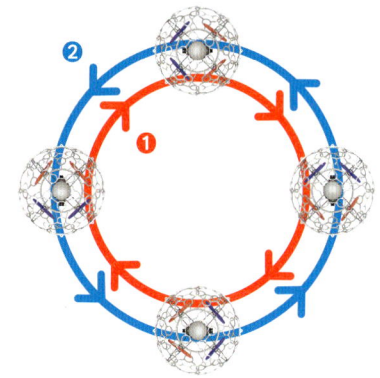

· 드론을 원 모양으로 회전 비행시킬 수 있습니다. 조종법은 오른쪽 스틱을 위아래(Pitch)로, 왼쪽 스틱을 좌우(Yaw)로 동시에 움직입니다.

· ①번은 오른쪽 스틱을 위로, 왼쪽 스틱을 우측으로 밀어서 드론이 전진하면서 시계방향으로 회전 비행을 합니다. ②번은 오른쪽 스틱을 아래로, 왼쪽 스틱을 좌측으로 밀어서 드론이 후진하면서 반시계방향으로 회전 비행을 합니다.

· 스틱을 미는 양을 조절하면 드론 회전 반경을 조절할 수 있습니다.

C. 스로틀(Throttle) + 요(Yaw) 복합키 조종

스로틀(상승·하강) + 요(좌·우 회전)

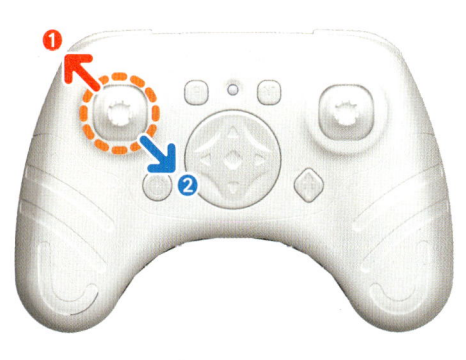
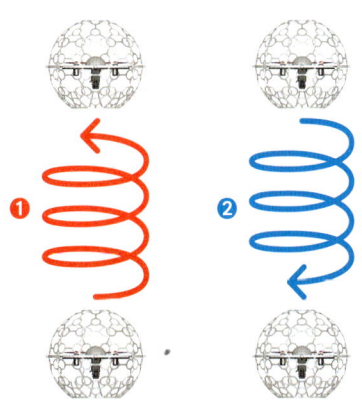

· 드론을 제자리에서 좌·우로 회전시키면서 상승 및 하강시킬 수 있습니다. 조종법은 왼쪽 스틱을 대각 방향 좌측 위로 밀거나 대각 방향 우측 아래(Throttle+Yaw)로 움직입니다.

D. 롤(Roll) + 스로틀(Throttle) 복합키 조종

롤(좌·우 이동) + 스로틀(상승·하강)

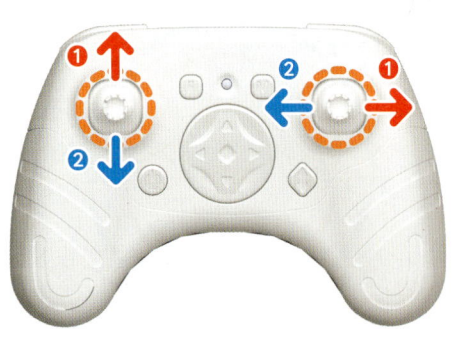
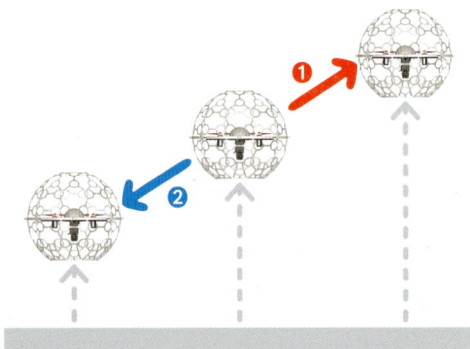

- 드론을 좌우로 이동시키면서 상승 및 하강시킬 수 있습니다. 조종법은 오른쪽 스틱을 좌우(Roll)로, 왼쪽 스틱을 위아래(Throttle)로 동시에 움직입니다.

- ①번은 오른쪽 스틱을 우측으로, 왼쪽 스틱을 위로 밀어서 드론이 점점 상승하면서 오른쪽으로 이동합니다.
  ②번은 오른쪽 스틱을 좌측으로, 왼쪽 스틱을 아래로 밀어서 드론이 점점 하강하면서 왼쪽으로 이동합니다.

3 복합키 조종하기

A. 복합키 조종 연습 방법

먼저 원하는 드론의 비행 경로를 정하고 원하는 경로대로 비행하려면 조종기 스틱을 어떻게 움직여야 하는지 생각합니다. 이후 조종기 스틱을 천천히 움직여 계획대로 드론을 조종합니다.

생각대로 비행하지 않는다면 바로 비행을 멈추고 호버링 하거나 착륙합니다. 그리고 어떤 스틱 조작 과정이 잘못됐는지 확인하여 수정하고 다시 비행을 시도해 봅니다.

 짚고 넘어가 볼까요?

· 복합키 조종에서 가장 중요한 것은?

복합키 조종에서 가장 중요한 것은 '스틱을 얼마나 기울이는가?' 입니다. 단순히 복합적인 스틱의 조작만으로 원하는 비행을 하지 않습니다. 드론의 속도와 배터리 상태에 따라 드론이 원하는 모습의 비행 궤적을 그릴 수 있도록 스틱 기울임의 강약을 섬세하게 조절할 수 있어야 합니다.

조종기 스틱을 강하게 끝까지 기울이면 드론은 거침없이 빠르게 비행하고, 섬세하게 살짝만 기울이면 주변에 장애물이 있는 곳이라 하더라도 부딪히지 않고 안전하게 비행할 수 있습니다.

B. 복합키 비행 연습 : 일반 조종법과 복합키 조종법의 차이

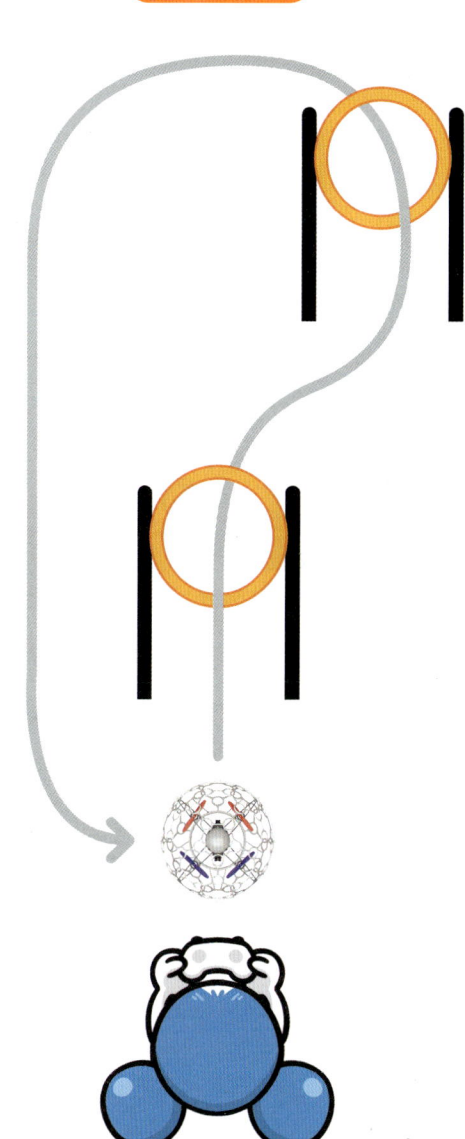

- 일반 조종법의 경우 직선 이동 후 90° 회전 동작만 반복하여 목적지까지 오게 됩니다.
- 일반 조종법은 드론의 방향이 헷갈리지 않고 쉽게 조종할 수 있으나 조작이 많아져 느릴 수 있습니다.
- 복합키를 능숙하게 쓸 수 있게 되면 자동차가 주행하듯 드론을 멈추지 않고 부드러운 궤적으로 비행할 수 있으며, 보다 빠르고 간결한 스틱 조작이 가능해집니다.

드론 프로펠러의 구성과 비행 원리에 대해 알려줘!

드론은 어떻게 전·후·좌·우로 비행하고 이·착륙을 할 수 있을까요? 드론의 비행 원리를 알기 위해서는 먼저 드론의 프로펠러가 어떻게 구성되어 있는지 알아야 합니다.

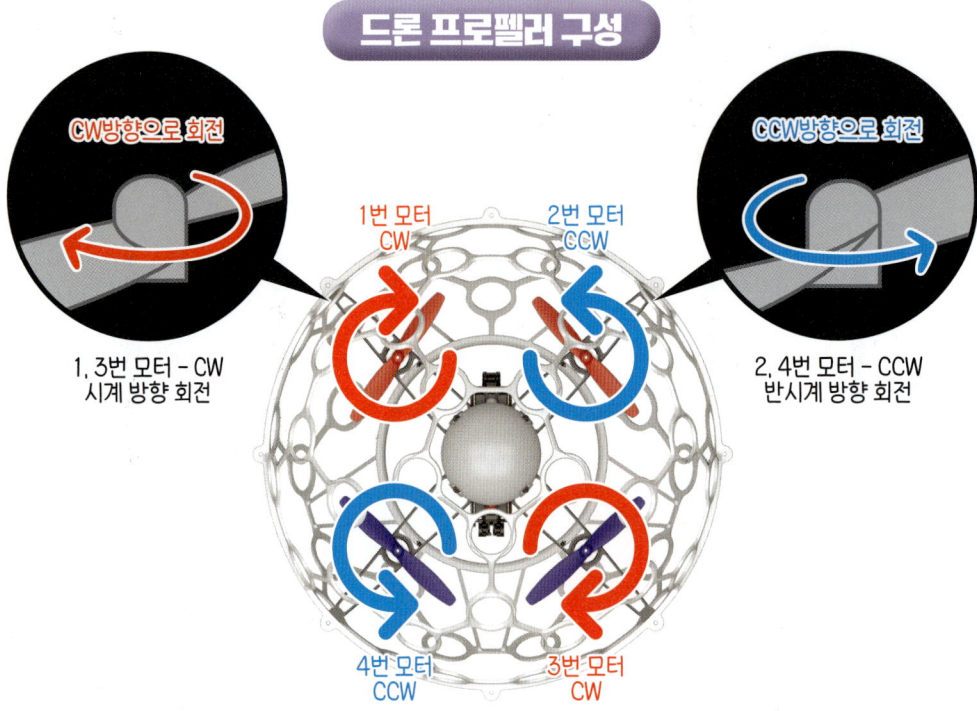

드론은 프로펠러 회전 방향과 모양에 따라 시계 방향으로 회전하는 CW(Clockwise) 프로펠러와 반시계 방향으로 회전하는 CCW(Counter Clockwise) 프로펠러로 구분됩니다. 스카이킥EVO에서는 더욱 알아보기 쉽도록 CW 프로펠러에는 'A'가, CCW 프로펠러에는 'B'가 적혀있습니다.

프로펠러의 위치는 위와 같이 같은 종류의 프로펠러가 대각으로 마주 보도록 조립해야 합니다. 1번과 3번 모터에는 CW 프로펠러를 조립하여 시계 방향으로 회전하게 하고, 2번과 4번 모터에는 CCW 프로펠러를 조립하여 반시계 방향으로 회전하게 합니다.

프로펠러가 회전하면 회전력(토크)이 발생하고, 드론은 작용-반작용 원칙에 따라 프로펠러가 회전하고 있는 방향의 반대로 회전하려는 역회전력(역토크)이 발생합니다. 만약 모든 프로펠러가 같은 방향으로 회전한다면 드론은 프로펠러의 회전 방향과 반대되는 방향으로 계속 빙빙 돌게 될 것입니다.

이러한 문제를 해결하기 위해 드론의 프로펠러들이 번갈아가며 조립되었으며 서로 반대 방향으로 회전하기 때문에 한쪽 방향으로만 회전하면 일어날 역토크 문제를 해결할 수 있었습니다.

그리고 각 모터의 회전 속도가 달라지면 그에 따라 드론의 움직임이 달라집니다. 모터와 프로펠러가 4개인 쿼드 콥터를 기준으로, 각 모터의 속도를 조절하면 드론이 어떻게 전진·후진을 하고 회전 비행을 할 수 있는지에 대한 원리에 대해 알아봅시다.

06 CHAPTER
복합키 조종을 해요

| 상승(이륙) | 하강(착륙) |

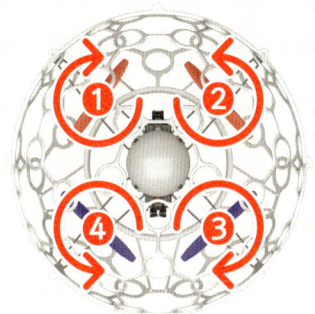

회전 속도 빠름	1, 2, 3, 4 모터
회전 속도 느림	-

회전 속도 빠름	-
회전 속도 느림	1, 2, 3, 4 모터

모든 프로펠러를 같은 속도로
빠르게 회전시켜 양력을 크게 증가시키고,
양력이 중력보다 커지면 상승합니다.
이륙할 때에도 같은 방법으로 이륙하게 됩니다.

모든 프로펠러를 같은 속도로
느리게 회전시켜 양력을 작게 감소시키고,
양력이 중력보다 작아지면 하강합니다.
착륙할 때에도 같은 방법으로 착륙하게 됩니다.

| 전진 | 후진 |

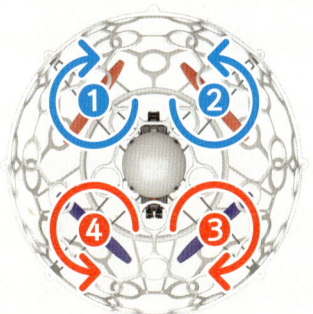

회전 속도 빠름	3, 4 모터
회전 속도 느림	1, 2 모터

회전 속도 빠름	1, 2 모터
회전 속도 느림	3, 4 모터

3, 4번 프로펠러는 빠르게,
1, 2번 프로펠러는 상대적으로 느리게 회전시키면
드론의 뒤쪽 양력이 더 커지게 됩니다.
이때 드론이 앞쪽으로 기울어지며
앞쪽으로 추진력이 발생하여 전진하게 됩니다.

1, 2번 프로펠러는 빠르게,
3, 4번 프로펠러는 상대적으로 느리게 회전시키면
드론의 앞쪽 양력이 양력이 더 커지게 됩니다.
이때 드론이 뒤쪽으로 기울어지며
뒤쪽으로 추진력이 발생하여 후진하게 됩니다.

좌측 이동

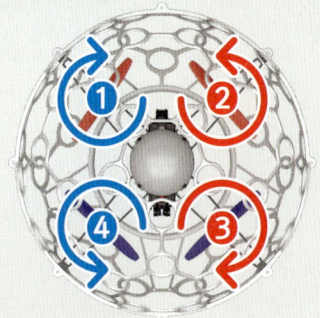

회전 속도 빠름	2, 3 모터
회전 속도 느림	1, 4 모터

②, ③번 프로펠러는 빠르게,
①, ④번 프로펠러는 상대적으로 느리게 회전시키면
드론의 오른쪽 양력이 더 커지게 됩니다.
이때 드론이 왼쪽으로 기울어지며
이때 왼쪽으로 추진력이 발생하여 좌로 이동하게 됩니다.

우측 이동

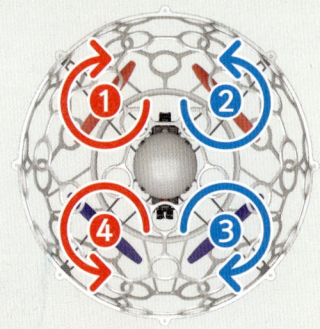

회전 속도 빠름	1, 4 모터
회전 속도 느림	2, 3 모터

①, ④번 프로펠러는 빠르게,
②, ③번 프로펠러는 상대적으로 느리게 회전시키면
드론의 왼쪽 양력이 더 커지게 됩니다.
이때 드론이 오른쪽으로 기울어지며
이때 오른쪽으로 추진력이 발생하여 우로 이동하게 됩니다.

제자리 좌회전

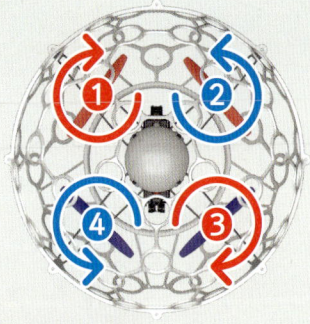

회전 속도 빠름	1, 3 모터
회전 속도 느림	2, 4 모터

①, ③번 프로펠러(CW)는 빠르게,
②, ④번 프로펠러(CCW)는 상대적으로 느리게 회전시키면
시계 방향으로 회전하는 프로펠러에 의한 역토크가
반시계 방향으로 회전하는 프로펠러에 의한 역토크 보다
커져서 드론이 반시계 방향(좌)으로 회전하게 됩니다.

제자리 우회전

회전 속도 빠름	2, 4 모터
회전 속도 느림	1, 3 모터

②, ④번 프로펠러(CW)는 빠르게,
①, ③번 프로펠러(CCW)는 상대적으로 느리게 회전시키면
반시계 방향으로 회전하는 프로펠러에 의한 역토크가
시계 방향으로 회전하는 프로펠러에 의한 역토크 보다
커져서 드론이 시계 방향(우)으로 회전하게 됩니다.

CHAPTER 07
패턴 비행을 해요

지난 챕터에서 학습한 복합키 조종 능력을 계발하기 위해
마름모, 원형, 8자 비행 등 다양한 패턴 비행을 연습해 봅시다.

1 마름모◇ 패턴 비행하기

패턴 비행이란 일정한 형태의 루트로 비행하는 것을 말합니다. 일반적으로 삼각형, 사각형, 원형, 나선형 등의 기본적인 패턴 비행을 예로 들 수 있습니다. 패턴 비행을 빠르게 수행하기 위해서는 능숙한 복합키 조종 능력이 필요합니다. 반복적인 패턴 비행 연습을 통해 복합키 조종실력을 길러봅시다.

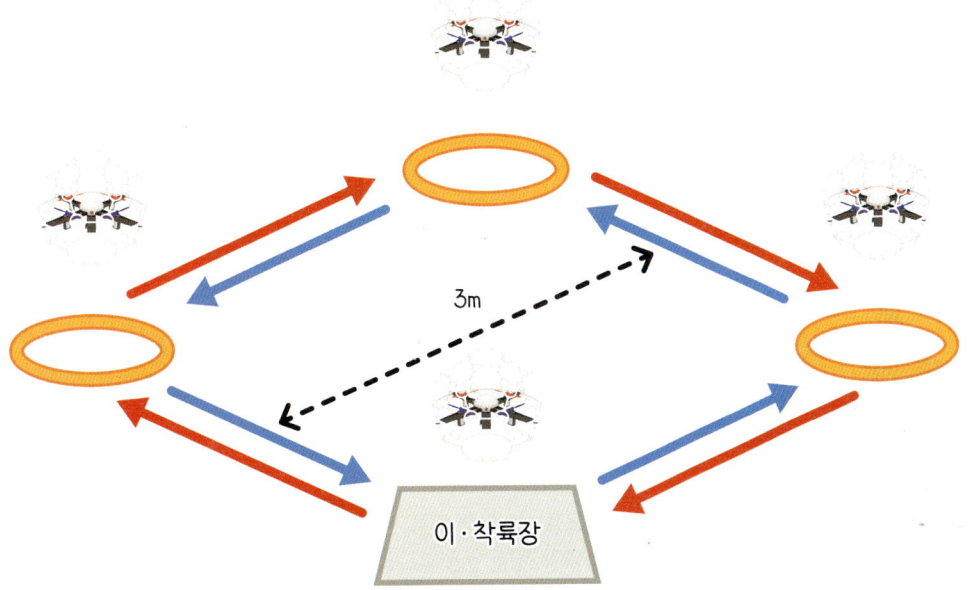

① 비행 공간의 크기에 따라 마름모 모양의 비행 코스를 적당한 사이즈로 만듭니다. 마름모의 각 코너에 훌라후프나 종이 수술을 붙여 일시 정지 위치를 표시합니다.

② 안전을 위해 조종자는 이·착륙장에서 2m떨어진 위치에서 드론을 바라보며 비행을 준비합니다.

③ 드론을 이륙시킨 후 오른쪽 스틱을 대각선으로 움직여 마름모 모양으로 배치한 훌라후프 위를 순서대로 비행합니다.

④ 시계 방향과 반시계 방향을 번갈아가며 정확하게 비행 연습을 합니다.

⑤ 비행 코스의 훌라후프를 이동시켜서 정마름모에서 각을 변형하여 연습하는 것도 좋은 방법입니다.

※ 스틱의 대각선 조작이 익숙해지고 훌라후프 위에 정확히 섯지할 수 있게 되면, 이륙 후 정지 없이 각각의 포인트를 거쳐 착륙장으로 돌아오도록 연습합니다.

2 원형 패턴 비행하기

A. 원형 패턴 비행

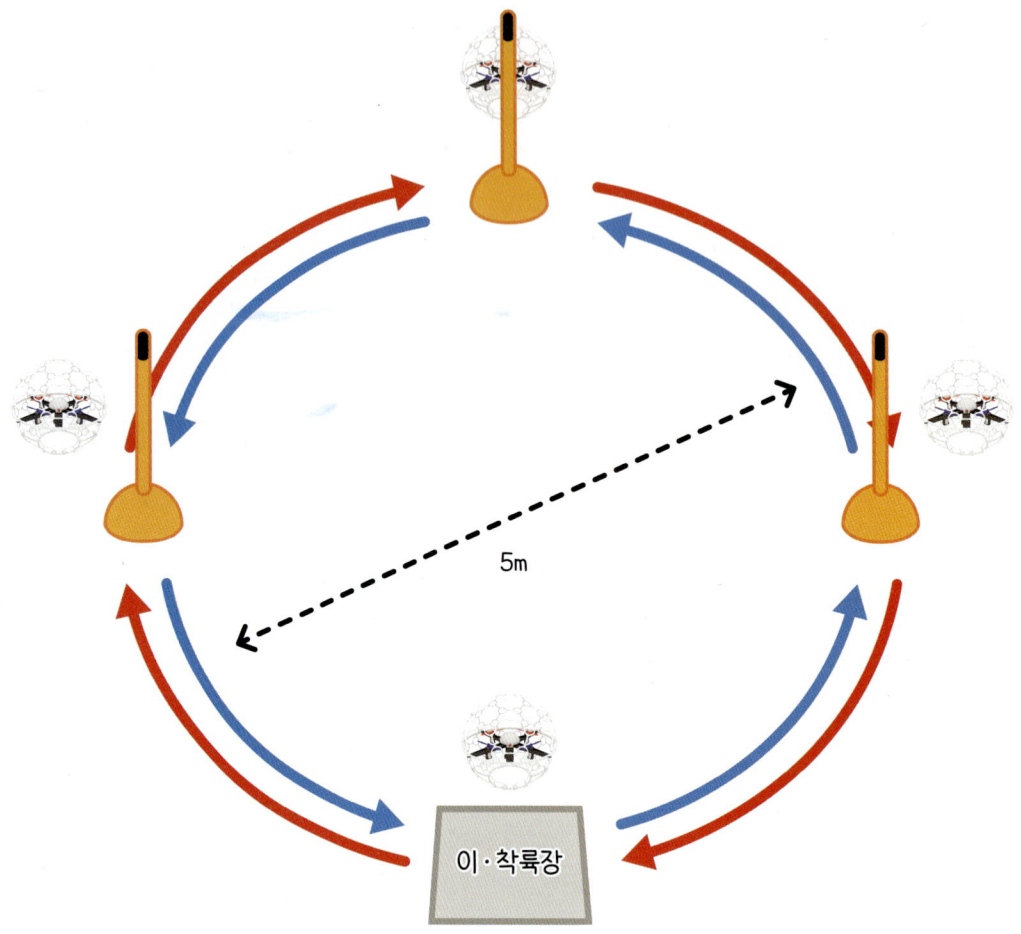

① 비행 공간의 크기에 따라 폴대 또는 장애물을 설치하여 드론이 원형으로 비행할 수 있는 비행 코스를 만듭니다. 체육관 바닥에 그려진 원형 코스(농구장 선)를 활용해도 좋습니다.

② 안전을 위해 조종자는 이·착륙장에서 2m 떨어진 위치에서 드론을 바라보며 비행을 준비합니다.

③ 마름모 비행과 다르게 스틱을 대각선 방향으로 밀기만 하는 것이 아닌, 오른쪽 스틱을 미는 정도와 각도를 조절해서 둥글게 굴리듯 움직여 원형으로 비행합니다.

④ 조종자가 드론의 후면을 바라보는 상태를 유지하며 비행 연습을 진행합니다.

⑤ 드론의 후면을 바라보며 비행하는 것이 익숙해지면 드론과 마주보는 상태로 원형 비행을 연습합니다.

※ 마름모, 원형 패턴 비행이 익숙해지면 동일한 높이에 놓여 있는 장애물 통과 비행을 쉽게 할 수 있습니다. 그러나 높이의 차이가 있는 장애물은 지금 동작에 왼쪽 스틱(스로틀)을 위 또는 아래로 동시 조작도 함께 해야 합니다.

※ 패턴을 다양하게 만들어 연습하면 조금 더 재미있게 비행할 수 있습니다.

B. 나선형 패턴 비행하기

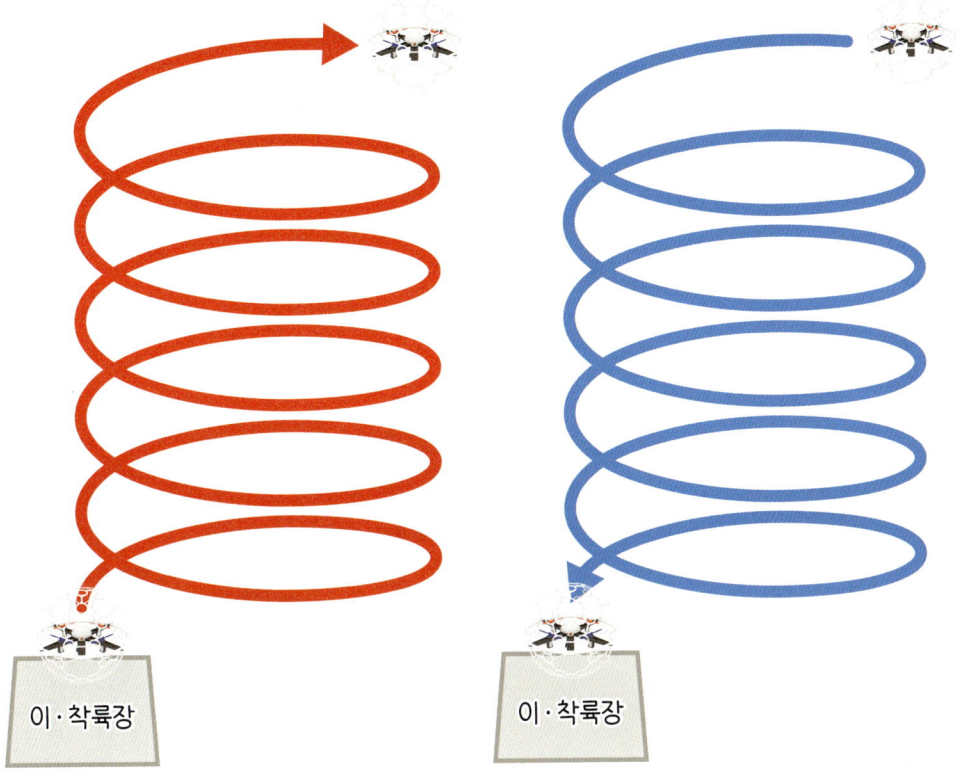

① 원형 패턴 비행을 잘 할 수 있게 되면 왼쪽 스틱의 상하 조작을 통하여 고도의 변화를 주며 비행할 수 있습니다.

② 안전을 위해 조종자는 이·착륙장에서 2m 떨어진 위치에서 드론을 바라보며 비행을 준비합니다.

③ 멀리서 보면 드론이 원형 패턴을 그리며 올라가거나 내려오는 것처럼 보입니다.

④ 왼쪽 스로틀 스틱의 조작 정도에 따라 회전 반경이 달라질 수 있습니다. 그러므로 스로틀을 적절히 조종하여 일정한 나선형 모양을 그릴 수 있을 때까지 반복 연습해야 합니다.

※ 조종자가 드론의 후면을 항상 바라보는 상태로 비행하는 것과 드론의 정면이 비행 방향과 일치하도록 비행하는 것은 스틱의 조작 방법이 다릅니다.
※ 이 비행까지 익숙하게 되면 장애물 레이싱 경기를 할 수 있는 수준까지 조종 능력이 발전한 것이라 할 수 있습니다.

❸ 8자 및 변형 패턴 비행하기

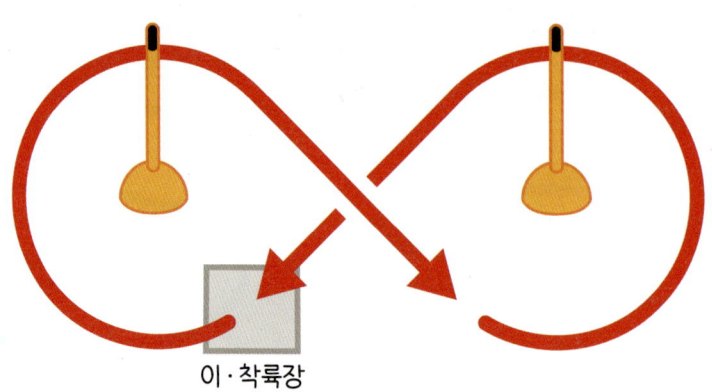

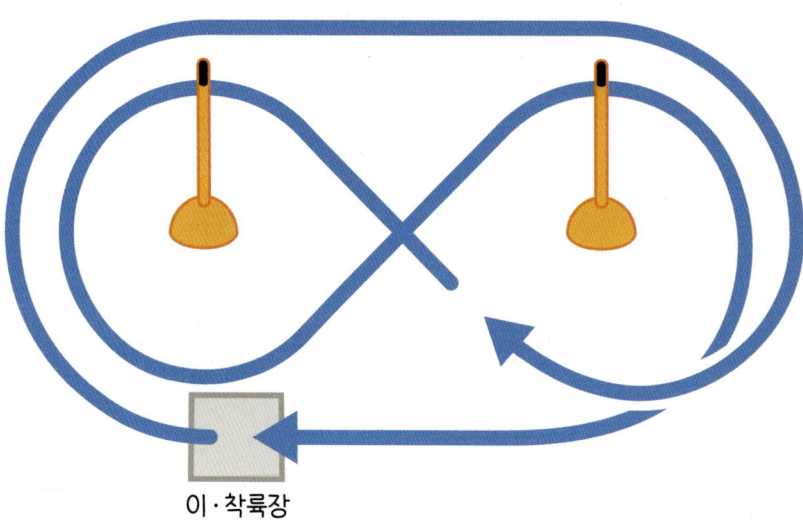

① 직선과 원형 비행을 동시에 연습할 수 있습니다. 오른쪽 스틱을 세밀하게 움직여 비행하면 두 폴대 사이를 무한히 돌 수 있습니다.

② 안전을 위해 조종자는 이·착륙장에서 2m 떨어진 위치에서 드론을 바라보며 비행을 준비합니다.

③ 조종자가 드론의 후면을 바라보는 상태를 유지하며 비행 연습을 진행합니다.

④ 비행 속도가 빨라질수록 패턴을 벗어나 크게 회전하려는 성질이 있는데, 이러한 현상은 양쪽 스틱의 좌우 움직임을 크게 하여 기체가 많이 기울어진 상태로 회전하면 해결할 수 있습니다.

⑤ 직선과 곡선이 만나는 구간에서 자연스럽게 비행이 이루어져야 합니다.

※ 쉬우면서도 어려운 비행 패턴입니다. 처음에는 느린 속도로 시작하여 점차 속도를 올릴지라도, 정지하거나 감속없이 비행할 수 있도록 연습해야 합니다.

07 CHAPTER
패턴 비행을 해요

항공기에 작용하는 힘에 대해서 알려줘!

드론과 같은 항공기들이 하늘을 비행할 때, 항공기에는 다양한 힘이 작용합니다. 항공기에 작용하는 힘에는 어떤 것들이 있는지 알아봅시다.

양력 (Lift)	물체를 위로 들어올리는 힘으로 항공기가 공중으로 뜰 수 있게 해주는 힘입니다.
중력(Weight)	지구가 물체를 당기는 힘으로 양력과 반대되는 힘입니다.
추력(Thrust)	물체가 앞으로 나아가려는 힘으로 엔진에 의해 항공기가 앞으로 이동할 수 있게 해주는 힘입니다.
항력(Drag)	물체가 앞으로 나아가는 데 방해가 되는 힘으로 추력과 반대되며, 공기의 저항력 등이 항력에 해당됩니다.

〈항공기 이륙 - 양력, 추력↑/중력, 항력↓〉   〈항공기 착륙 - 양력, 추력↓/중력, 항력↑〉

양력이 중력보다 크면(양력>중력) 항공기는 상승하고, 중력이 양력(양력<중력)보다 크면 항공기는 하강하게 됩니다. 그리고 추력이 항력보다 크면(추력>항력) 항공기의 이동 속도가 빨라지고, 항력이 추력보다 크면 (추력<항력) 항공기의 이동 속도가 줄어듭니다.

CHAPTER 08
장애물 레이싱을 해요

간단한 장애물과 연속 장애물 통과하기를 연습해보고 친구들과 함께 장애물 레이싱 경기를 해봅시다.

1 단독 장애물 통과하기

드론으로 장애물을 빠르게 통과하기 위해서는 안정적으로 고도를 유지하며 직선으로 비행하는 능력과 멈춤 없이 비행하는 과정에서 빠르게 요(제자리 좌·우 회전)와 롤(좌·우 이동)을 복합적으로 수행할 수 있는 높은 수준의 조종 능력이 필요합니다.

또한 드론 장애물 레이싱 경기에 참여하기 위해서는 긴장하지 않고 담대하고 침착한 마음으로 경기에 임할 수 있는 정신력도 함께 요구됩니다. 단독 장애물, 나아가 연속 장애물 통과 연습을 통해 조종 능력을 계발하고 이를 바탕으로 친구들과 장애물 레이싱 경기를 재미있게 즐겨봅시다.

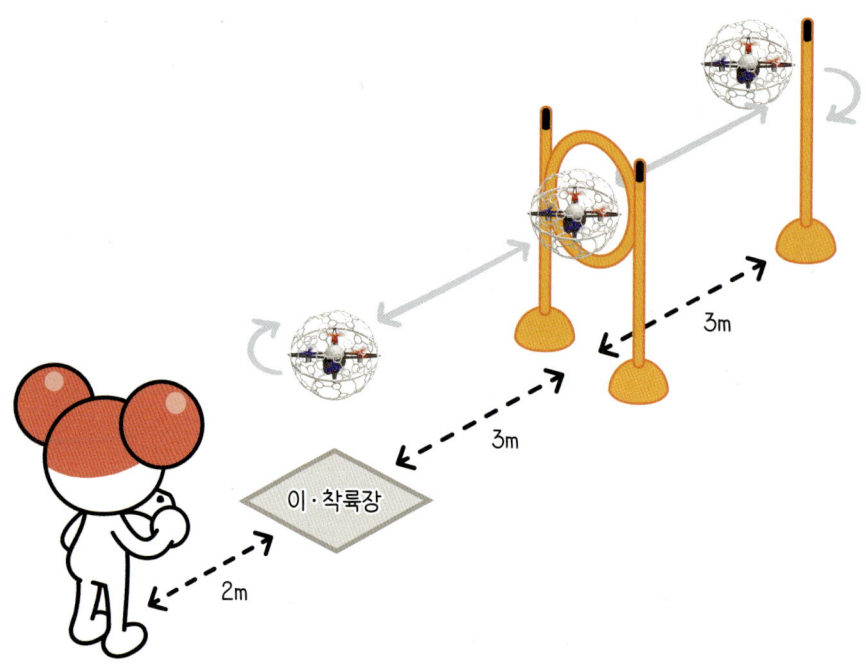

① 단독 장애물 통과 비행 연습을 위한 장애물 코스를 설치한 후, 이·착륙장에서 드론을 이륙시켜 전진합니다.

② 장애물 앞에 정확히 정지한 후 오른쪽 스틱을 앞으로 밀어 통과합니다. 익숙해지면 정지없이 통과할 수 있습니다.

③ 장애물을 통과한 후 전방의 반환점을 돌아오는 연습을 합니다.

※ 장애물의 경우 훌라후프와 돔콘 세트가 있으면 좋지만, 없을 경우 교실의 책상과 의자 등을 활용할 수 있습니다.
※ 빠르게 이동하다 장애물에 부딪혀 드론이 균형을 잃는 것보다, 조금 느리더라도 멈추거나 충돌하는 일 없이 비행하는 것이 실력 향상에 도움이 됩니다.

❷ 높이와 크기가 다른 연속 장애물 통과하기

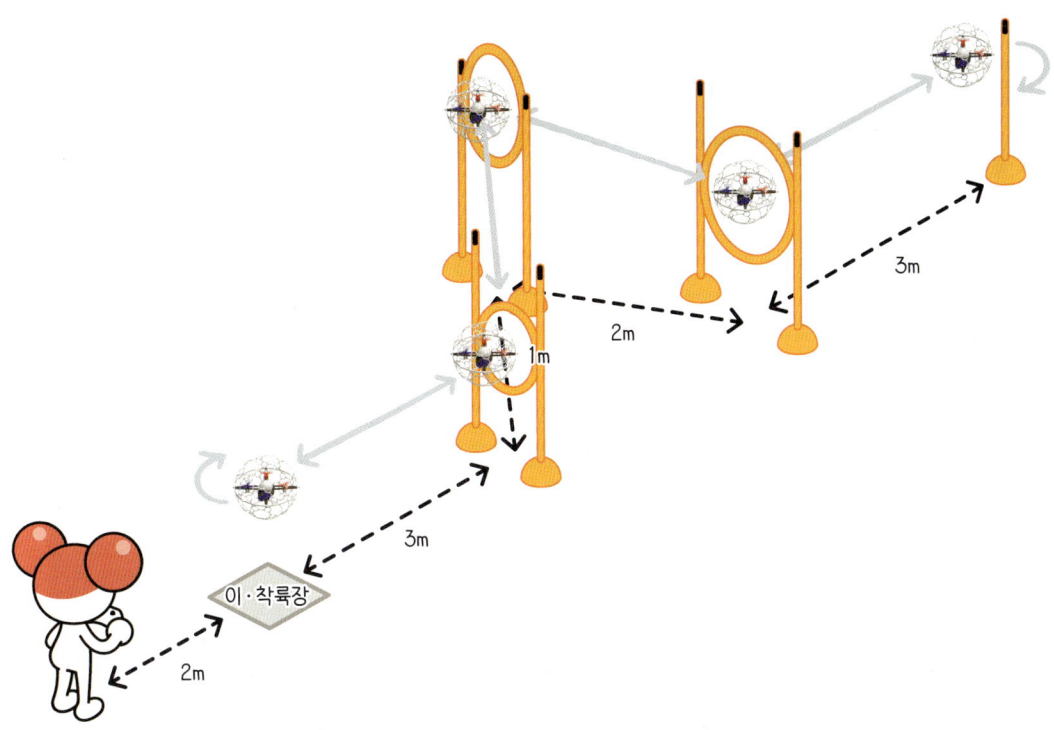

① 연속 장애물 통과 비행 연습을 위해 높이와 크기가 다른 연속 장애물 코스를 설치한 후, 이·착륙장에서 드론을 이륙시켜 전진합니다.

② 첫번째 장애물을 통과한 후, 두번째 장애물을 멈추지 않고 통과하기 위해 방향과 높이를 동시에 조절하여 비행합니다.

③ 세번째 장애물까지 장애물 직전에 멈추어 방향과 높이를 조절하지 않고 자연스럽게 비행하는 연습을 진행합니다.

④ 기본 호버링 상태로 시작하여 비행 연습을 하는 것이 익숙해지면 드론과 마주보는 정면 호버링 상태로 시작하는 비행을 연습합니다.

⑤ 조금씩 속도를 높여가며 연속 장애물 통과 비행을 연습합니다.

※ 우선 ④번 과정까지 매끄럽게 진행할 수 있는 수준을 목표로 연습니다.
※ 실제 드론 장애물 레이싱 경기에서도 조종자가 드론과 일정한 거리를 유지하며 이동하기 때문에 드론의 후면이나 측후면(좌측 또는 우측의 뒷면)을 보면서 조종하게 됩니다.

3 장애물 레이싱 경기하기

A. 드론 장애물 레이싱 경기란

장애물 레이싱은 드론을 활용한 가장 일반적인 경기 형태로 다양한 장애물을 설치하고 가장 짧은 시간에 목적지에 도착하면 승리하는 경기입니다. 기록을 측정하거나, 육상 경기처럼 동시 출발해서 승자를 가리는 방식 등이 있습니다.

조종자의 동선과 드론의 비행선이 겹치지 않도록 공간을 분리하는 경우가 많고 대회에 따라 터널 형태, 움직이는 장애물 등 다양한 형태의 경기가 있기 때문에, 만약 대회 출전을 목표로 하고 있다면 출전을 희망하는 대회의 요강과 규정을 잘 파악해야 합니다. 대회마다 출전할 수 있는 드론 기준(크기, 배터리, 센서 등)이 다를 수 있으므로 나의 드론이 출전 가능한지 규정을 정확히 살펴보아야 합니다.

B. 드론 레이싱 경기 유형(1)

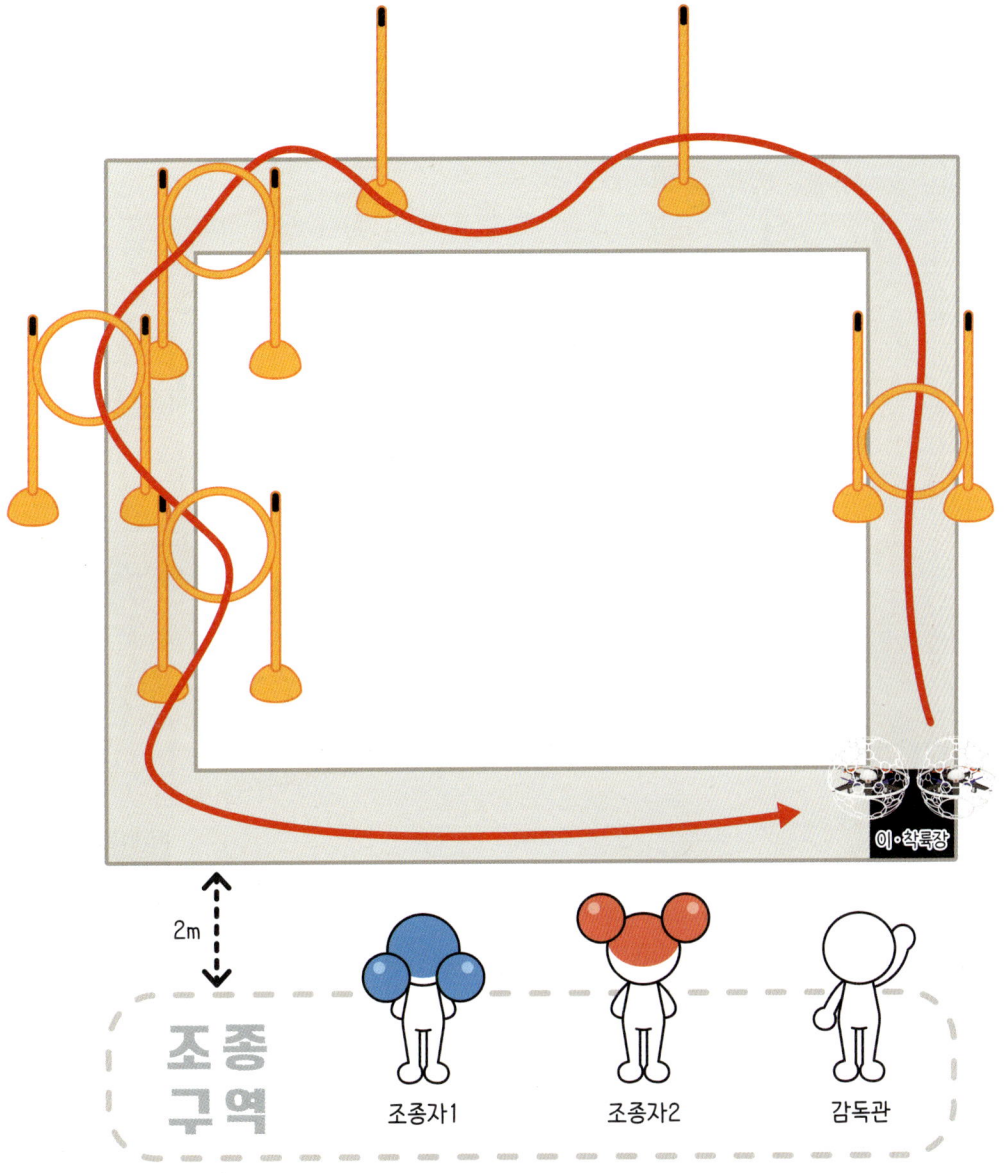

① 비행 공간에 따라 경기장의 크기와 장애물의 종류를 달리합니다. 위의 예시는 사각형의 경기장 바깥쪽에 조종 구역이 정해져 있는 형태입니다.

② 드론을 이·착륙장에 페어링이 완료된 상태로 놓습니다.

③ 조종자는 조종 구역에 위치한 후 감독관의 신호에 따라 이륙하고 모든 장애물을 통과하여 착륙할 때까지 시간을 측정하도록 합니다.

④ 참여자 수와 경기 운영 시간에 따라 여러 대의 드론을 동시에 출발시킬 수도 있습니다.

※ 동시 출발 시 드론들이 충돌하거나 동선(드론이 이동 경로) 간섭을 피하기 위해 선수별로 시간차를 두고 출발해 추월을 허용하는 경우도 있습니다.

C. 드론 레이싱 경기 유형(2)

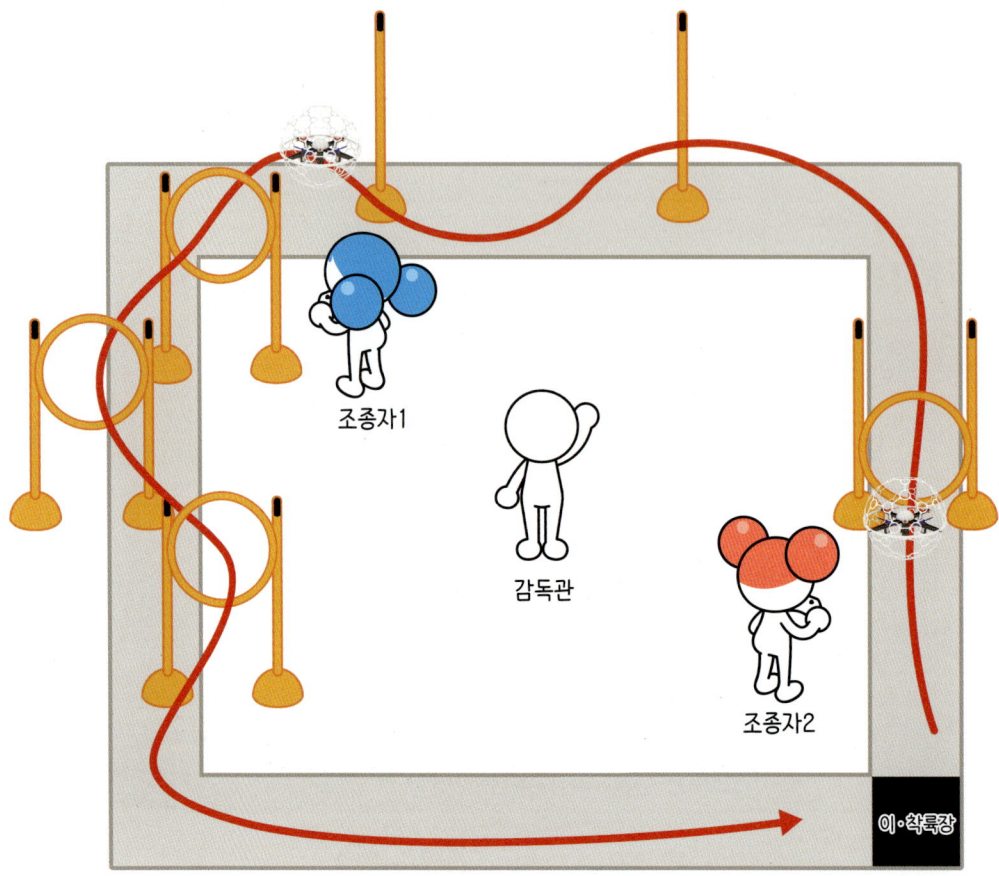

① 학생들을 대상으로 가장 많이 진행되는 레이싱 대회 경기 유형으로 학생과 감독관 모두 경기장 안에 들어와 있으며 코스 안쪽에 위치합니다. 드론의 비행 코스 안으로 들어가서 드론의 뒤를 따라가며 조종하는 것은 허용되지 않습니다. 드론의 측면이나 대각선 후방에 위치해서 드론과 함께 이동하며 조종합니다.

② 드론을 이·착륙장에 페어링이 완료된 상태로 놓도록 합니다.

③ 학생은 경기장 안쪽 원하는 자리에 위치하며, 감독관의 신호에 따라 이륙하고 모든 장애물을 통과하여 착륙할 때까지 시간을 측정하도록 합니다.

④ 학생 수와 대회 운영 시간에 따라 여러 대의 드론을 동시에 출발시킬 수도 있습니다. 동시 출발하는 경우 시간이 아닌 착륙하는 순서로 등위를 정할 수도 있습니다.

※ 동시 출발 시 드론들이 충돌하거나 동선(드론의 이동 경로) 간섭을 피하기 위해 일부러 살짝 늦게 출발한 후 추월을 하는 경우도 있습니다.

※ 비행 중인 드론이 장애물에 부딪혀 코스에 추락하고 뒤집어졌을 경우엔 실격 처리를 하거나 드론을 다시 뒤집기 위해 코스에 조종자가 진입할 수 있도록 허가하는 예도 있습니다. 단, 드론을 뒤집기 위해 코스에 들어가게 될 경우 뒤에 오는 드론과 충돌의 우려가 있다는 것을 꼭 기억해야 합니다.

드론 축구에 대해서 알려줘!

이미지출처 - 대한드론축구협회 대회사진 자료실 https://dronesoccer.or.kr/competition_picture/list

드론 레이싱 대회 외에도 향상된 드론 조종 실력을 겨뤄보는 방법으로 드론 축구 대회에 참가하는 방법이 있습니다. 드론 축구는 탄소 소재로 만들어진 보호 장구를 씌운 드론을 축구공 삼아서 3m 정도 높이의 원형 골대에 조종하여 넣는 스포츠 경기입니다. 양 팀 각 5명의 드론 조종사들이 드론(드론 볼)을 조종하여 지름이 80cm인 골대 안에 넣으면 득점하게 됩니다.

드론 축구는 2017년 초에 우리나라 전주에서 처음 시작되었고, 현재 전국적으로 100개가 넘는 드론 축구팀이 활동할 정도로 성장 속도가 빠릅니다. 그리고 2025년에는 드론 축구 월드컵 개최를 목표로 국내외 선수 발굴 및 육성, 드론 축구 세계화를 위한 마케팅 활동 등 드론 축구 활성화를 위한 다양한 활동이 진행되고 있습니다.

스카이킥EVO는 유소년용 드론 축구 전용으로 만들어진 드론 볼입니다. 기존 드론 볼이 크기가 크고 무겁기 때문에 유소년이 사용하기 힘들었는데, 스카이킥EVO를 사용하여 유소년뿐만 아니라 누구나 쉽게 드론 축구를 즐길 수 있습니다.

드론 축구에 관한 자세한 내용은 '대한드론축구협회' 홈페이지에서 확인할 수 있습니다.

대한드론축구협회 홈페이지 - https://dronesoccer.or.kr/

CHAPTER 09

드론으로 즐기는 게임 (1)

드론 볼링, 지그재그 병 쓰러트리기, 풍선 물기 게임을 통해 친구들과 즐겁게 드론을 조종해 봅시다.

1 드론 볼링 게임

드론 볼링 게임은 드론을 목표 지점까지 신속하고 정확하게 이동시킬 수 있는 능력을 기르기 위하여 마련된 게임입니다. 특히 드론이 전진하는 과정에서 멈추지 않고 조종기의 롤(Roll)과 요(Yaw), 스로틀(Throttle) 스틱을 미세하고 부드럽게 조절하는 연습에 적합합니다.

A. 준비물과 게임 준비 방법

① 준비물

종이컵으로 한 컵(120~150ml) 정도의 물이 채워진 500ml 또는 1.5L 페트병 10개, 페트병을 모두 올릴 수 있는 책상

② 게임 준비 방법

게임을 위하여 볼링핀 역할을 할 500ml 생수병이나 1.5L 페트병을 10개 준비하고, 병마다 종이컵 한 컵(120~150ml) 정도의 물을 넣어둡니다. 넓은 책상 위에 10개의 볼링핀(물 넣은 생수병)을 삼각형 모양으로 세워두도록 합니다.

B. 게임 방법

드론은 볼링핀에서 5m 떨어진 곳에서 위치한 출발점에서 이륙하며, 이륙 후 제한 시간 10초 이내에 볼링핀을 쓰러트려야 합니다. 이륙하면 무조건 전진해야 하며 롤(Roll)과 요(Yaw)는 사용할 수 있으나 후진하거나 중간에 멈출 수 없습니다.

드론을 직접 부딪쳐 볼링핀을 쓰러트리는 경우에만 득점을 인정하며, 고도가 너무 낮아 책상에 부딪쳐 그 반동으로 쓰러진 볼링핀은 쓰러진 볼링핀 수에서 제외하도록 합니다. 일반 볼링과 다르게 남은 볼링핀을 쓰러트리는 스페어 처리는 하지 않습니다. 한 게임당 5회씩 시도하고, 쓰러진 핀 하나를 1점으로 계산하여 합산 점수가 높은 선수가 승리합니다.

자신이 쓰러트린 볼링핀은 자신이 직접 가서 세우거나, 게임 보조자 역할로서 볼링핀을 세우는 도우미를 정하도록 합니다. 특히, 성급한 마음에 볼링핀을 세우러 간 사람이 아직 안전한 장소로 이동하지 않았는데도 드론을 날려서 피해가 발생하지 않도록 조심해야 합니다.

※ 비행 공간의 크기와 조종 실력에 따라 드론 비행 시작점과 볼링핀까지의 거리, 비행 제한 시간을 적절히 변화시켜 게임을 진행할 수 있습니다.

2 지그재그 병 쓰러트리기 게임

지그재그 병 쓰러트리기는 흩어져 있는 다양한 병들을 드론으로 부딪쳐 차례대로 빠르게 쓰러트리는 게임으로 가장 짧은 시간 동안 모든 병을 쓰러트리는 사람이 승리하는 게임입니다. 조종자는 이 게임을 통해 드론을 페트병과 충돌시킨 후 빠르게 자세를 안정시키고 방향을 전환하여 다른 병을 향해 민첩하게 이동할 수 있는 순발력을 기를 수 있습니다.

A. 준비물과 게임 준비 방법

① 준비물
초시계, 종이컵으로 한 컵(120~150ml) 정도의 물이 채워진 500ml 또는 1.5L 페트병 5개, 책상 5개

② 게임 준비 방법
게임을 위하여 볼링핀 역할을 할 500ml 생수병이나 1.5L 페트병을 10개 준비하고, 병마다 종이컵 한 컵(120~150ml) 정도의 물을 넣어둡니다. 넓은 책상 위에 10개의 볼링핀(물 넣은 생수병)을 삼각형 모양으로 세워두도록 합니다.

B. 게임 방법

조종자는 출발 신호와 함께 드론을 이륙시키고 5개의 페트병을 드론으로 부딪혀 모두 쓰러트리도록 합니다. 드론이 페트병을 지나쳤다면 다시 돌아와서 쓰러트릴 수 있습니다. 심판은 초시계로 병을 모두 쓰러트리는데 걸린 시간을 측정합니다.

드론으로 직접 충돌하여 쓰러트린 페트병의 수가 많은 조종자가 승리하며, 모든 조종자가 같은 개수의 페트병을 정확히 드론으로 충돌시켜 쓰러트린 경우에는 비행시간이 가장 적게 걸린 조종자가 승리합니다. 드론의 프로펠러로 인해 발생한 바람이나, 드론이 책상과 충돌한 충격으로 병이 쓰러진 경우는 넘어진 병의 수에서 제외하도록 합니다.

지그재그로 세워져 있는 모든 병을 빠르게 쓰러트리기 위해서는 드론이 병과 충돌 후 자세가 크게 흐트러지지 않도록 해야 하며, 지나치게 빠른 속도로 병에 접근하여 병과 충돌 후 지나치게 멀리 밀려나 시간을 낭비하지 않을 수 있도록 비행 속도의 완급을 잘 조절할 수 있어야 합니다.

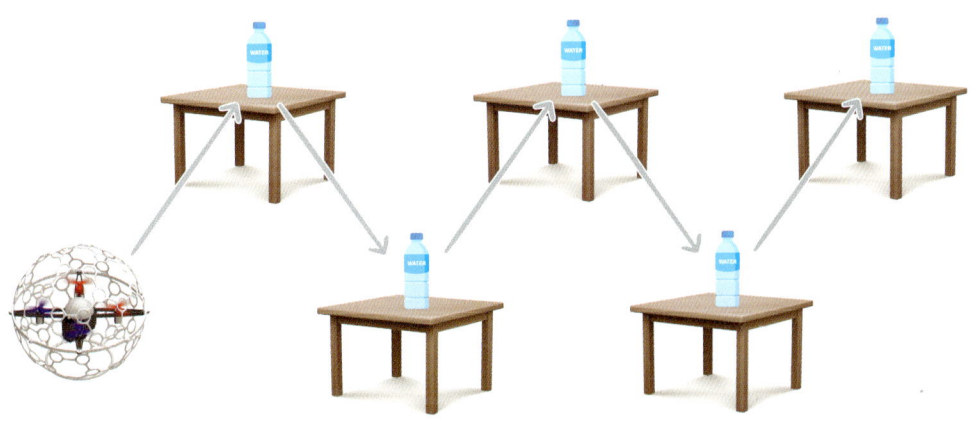

3 장애물 레이싱 경기하기

풍선 몰기 게임은 드론으로 바람을 일으켜 바닥에 떨어져 있는 자신의 풍선을 목적지까지 빠르게 도착시키는 게임입니다. 이 게임에서는 풍선이 원하는 방향으로 바람에 밀려 흘러갈 수 있도록, 드론을 적절한 위치와 고도로 빠르게 이동시키는 것과, 너무 센 바람이 불어 풍선이 멀리날아가지 않도록 스로틀(Throttle, 상승·하강) 스틱을 부드럽고 미세하게 조종하여 드론의 바람 세기를 적절히 조절하는 능력이 요구됩니다.

실제 게임의 경우 풍선이 예상한 방향과 다르게 움직이는 경우가 매우 많고, 바람을 일으키기 위한 드론 이동 과정에서 잘 움직이던 풍선이 갑자기 다른곳으로 날아가 버리기도 하므로 풍선이 임의의 방향으로 날아가는 원인을 빠르게 파악하고 같은 문제가 발생하지 않도록 비행하는 내내 주의를 기울일 수 있어야 합니다.

또한 단순히 스로틀 조작으로만 바람을 일으켜 풍선을 이동시키기 보다 롤(Roll)과 피치(Pitch)를 함께 조종할 경우 다양한 방식으로 풍선을 이동시킬 수 있습니다. 조종자들은 이 게임을 통해 풍선의 움직임에 빠르게 반응하여 순간적인 드론의 움직임을 통제하는 능력을 기를 수 있습니다.

A. 준비물과 게임 준비 방법

① 준비물
풍선, 풍선 도착지 표시용 라인 테이프(또는 훌라후프 등으로 대체 가능)

② 게임 준비 방법
이륙지점에 드론을 두고 드론의 정면에서 1m 떨어진 곳에 풍선을 둡니다. 그리고 5m 떨어진 곳에 풍선 도착지점을 표시합니다. 이때 풍선 도착지의 크기는 학생 수준에 따라 다양하게 정할 수 있으며, 훌라후프를 두고 훌라후프의 원 안쪽을 도착지로 정하여 게임을 진행할 수도 있습니다.

B. 게임 방법

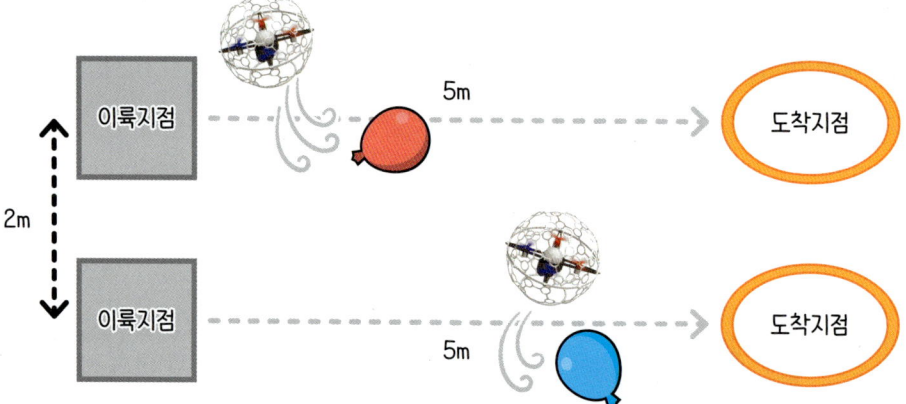

① 두 명의 선수가 옆으로 2m 이상 간격을 두고 조종 위치에 서도록 합니다.

② 각 선수의 드론 1m 앞에 풍선을 한 개씩 둡니다.

③ 출발 신호와 함께 드론을 이륙시킵니다.

④ 드론 프로펠러에서 나오는 바람을 이용해 풍선을 이동시킵니다. 단, 풍선을 드론으로 직접 터치하여 이동시키면 안됩니다.

⑤ 풍선이 5m 떨어진 도착지점에 먼저 도착하면 승리합니다.

C. 게임 규칙의 변형 (예시)

풍선 몰기 게임은 규칙을 다양하게 변화시켜 여러 가지 방식으로 즐길 수 있습니다. 다음은 게임 규칙을 변형할 수 있는 예시입니다.

풍선 몰기 게임의 새로운 규칙

첫째! 이동거리를 조절하여 경기할 수 있습니다.

둘째! 도착 지점에 테이프를 일자로 골라인을 그려두고
한 사람씩 풍선을 출발 지점부터 드론의 바람으로 몰아
골라인까지 통과시키는 데 걸린 시간을 겨뤄보는 경기를 할 수 있습니다.

셋째! 풍선을 여러 개 두고, 제한된 시간 동안 골라인까지
얼마나 많은 풍선을 옮길 수 있는지 겨뤄볼 수 있습니다.

넷째! 직선의 골라인 대신, 바닥에 훌라후프를 두어
그 안에 먼저 풍선이 들어가도록 할 수 있습니다.
플로어볼 골대를 활용하여 골대 안에 풍선을 먼저 넣는 선수가
승리하는 방법으로 게임을 운영할 수도 있습니다.

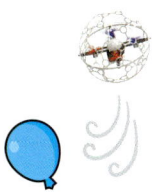
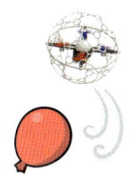

롤(Roll)과 피치(Pitch)는 세심하게 조종해야 해!

드론에 사용되는 센서들에 대해서 알려줘!

센서(Sensor)란 무언가를 느끼고, 그 감각으로부터 무언가를 알아내는 것을 의미합니다. 빛, 소리, 화학물질, 온도 등과 같이 감각과 관련된 신호들을 수집하여 이 신호들을 과학적인 방법으로 분석하고 상태를 알아내는 장치를 통틀어 센서라고 합니다.

센서는 우리 일상생활 속에서 다양하게 사용되며, 드론 역시 다양한 센서들을 사용하고 있습니다. 드론에서는 주로 가속도 센서, 자이로스코프, 지자기 센서, GPS, 기압계 센서, 거리계 센서 등이 사용됩니다.

주요 센서와 기능

센서 이름	센서의 기능
가속도 센서 Accelerometer	드론의 이동축인 3축(X, Y, Z)의 가속도를 측정하는 센서입니다. 3축에 작용하는 가속도(중력가속도 포함)를 측정하여 특정한 방향으로 드론이 기울어지면 다시 수평을 유지할 수 있도록 보정해 주는 역할을 합니다.
자이로스코프 센서 Gyroscope	드론의 이동축인 3축(x, y, z)의 각속도를 측정하는 센서입니다. 3축으로 드론이 기울어지는 각도를 통해 각속도를 측정하여 드론의 수평과 자세를 유지할 수 있게 해줍니다. 자이로스코프 센서는 가속도 센서와 상호보완적인 관계로서 모두 드론의 수평과 자세를 유지할 수 있도록 보정해 주는 역할을 합니다.
지자기 센서 Magnetometer	드론의 방향 정보를 측정하는 센서입니다. 나침반 기능으로 방위(동서남북) 정보를 알 수 있기 때문에 드론의 현재 방향을 측정하여 올바른 방향으로 비행할 수 있는 역할을 합니다.

▶3가지 센서(가속도 센서, 자이로스코프, 지자기 센서)를 통틀어서
관성 측정 장치(IMU, Inertial Measurement Unit)이라고 하며 드론의 자세와 방향을 측정하는 역할을 합니다.

09 CHAPTER
여러 가지 게임하기(1)

센서 이름	센서의 기능
기압계 센서 Barometer	외부 기압의 변화를 측정하는 센서입니다. 주요 역할은 드론과 지면의 기압차를 감지하여 드론의 고도를 유지할 수 있게 해주고, 대기온도와 해발고도를 측정할 수도 있습니다.
GNSS 센서 Global Navigation Satellite System	GNSS는 '전세계위성항법 시스템'이라고 하며 인공위성을 이용하여 지상에 있는 물체의 위치, 고도, 속도에 관한 정보를 제공하는 시스템입니다. 이 시스템이 장착된 센서를 이용하여 드론의 위치, 고도, 속도 정보를 측정할 수 있는데, 이를 통해 드론의 정확한 위치를 파악하고 안정적인 비행을 할 수 있습니다. 단, 인공위성을 이용하므로 실외에서만 사용이 가능합니다. GNSS는 여러 가지 종류가 있는데 미국의 GPS(Global Positioning System)와 러시아의 GLONASS(Global Navigation Setellite System)가 대표적입니다.
거리계 센서 Range Finder	초음파, 레이저, 적외선, 라이다(LiDAR) 등을 사용하여 드론과 지면 또는 드론과 물체 간 거리를 측정하는 센서입니다. 초음파, 레이저 등을 지면이나 다른 물체에 발산한 후 돌아오는 시간을 측정하여 거리를 계산합니다. 이 센서를 이용하면 GNSS 센서를 사용할 수 없는 실내에서도 드론의 고도를 측정하고 유지할 수 있으며 장애물도 감지할 수 있습니다.
옵티컬 플로우 센서 & 비전 센서 Optical Flow Sensor & Vision Sensor	옵티컬 플로우 센서는 빛을 이용하여 물체의 움직임을 파악할 수 있는 센서입니다. 옵티컬 플로우 센서 모듈은 빛을 내는 부분(광원)과 빛을 감지하는 렌즈가 달린 센서로 구성되어 있으며, 광원에서 나온 빛을 감지하여 드론의 전,후,좌,우 움직임을 파악해 안정적인 호버링이 가능하도록 해줍니다. 비전 센서도 카메라 렌즈가 존재하여 외형적으로는 옵티컬 플로우 센서와 비슷합니다. 비전 센서는 카메라로 찍은 이미지를 분석하여 물체나 지면을 인식합니다. 비전센서는 거리계 센서에 카메라를 추가한 형태로 조금 더 정밀한 측정이 가능하여 10m 이내의 고도 측정과 지면의 패턴을 분석하여 자동 호버링이 가능해집니다.

▶저가의 입문용 소형 드론일수록 드론의 비행에 필요한 최소한의 센서들만 장착되어 있기 때문에,
고가의 대형 드론들보다 자동 호버링 또는 정밀한 자동 비행이 어렵습니다.

▶드론을 자주 추락시키거나 잦은 충격이 있을 경우, 센서들이 오작동하게 되는 경우들이 발생합니다.
특히 스카이킥EVO와 같이 드론을 활용한 레포츠 경기에서는 센서들에 지속적으로 충격이 누적되어
문제가 발생할 가능성이 높으므로 본격적인 비행 시작 전에 호버링 테스트나 기본 비행 조작 테스트를 통해
기체의 상태를 꼼꼼히 확인해야 합니다.

센서와 드론의 동작

센서 종류	동작 ① - 수평과 자세 유지
가속도 센서, 자이로스코프	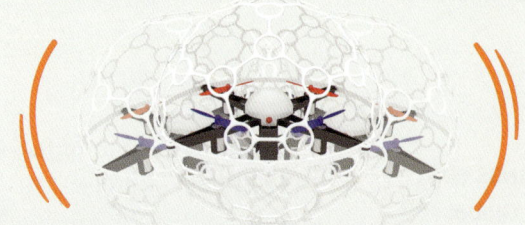 드론이 어느 한 방향으로 기울지 않고 수평과 자세를 유지하게 하는 역할

센서 종류	동작 ② - 고도 유지
기압계 센서 거리계 센서 비전 센서 GNSS 센서 (실외)	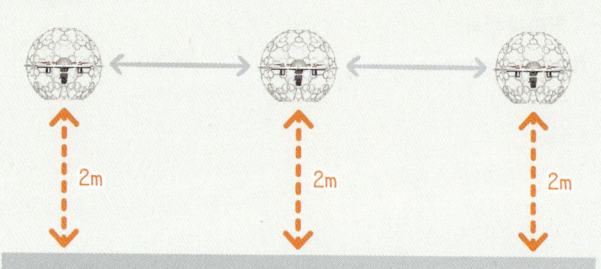 드론이 고도(높이)를 일정하게 유지하면서 비행하게 하는 역할

센서 종류	동작 ③ - 방향 확인
가속도 센서, 자이로스코프	 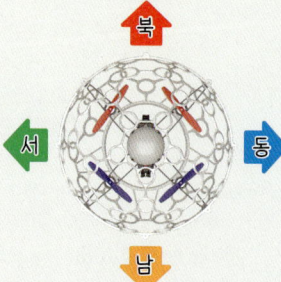 드론이 현재 어느 방향으로 비행하는지 확인하는 역할

09 CHAPTER
여러 가지 게임하기(1)

센서 종류	동작 ④ - 위치 확인
비전 센서 GNSS 센서 (실외)	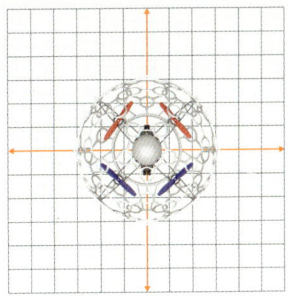 드론이 현재 위치를 확인할 수 있게 하는 역할

센서 종류	동작 ⑤ - 자동 호버링
옵티컬 플로우 센서 비전 센서 GNSS 센서 (실외)	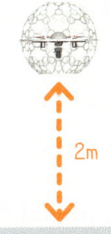 드론이 자동으로 호버링을 할 수 있게 하는 역할

센서 종류	동작 ⑥ - 장애물 감지
거리계 센서 비전 센서	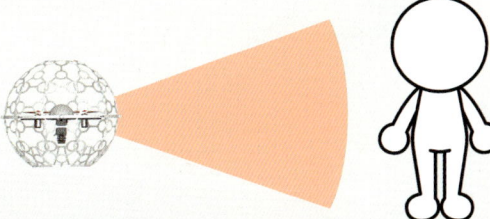 드론이 주변 물체를 감지할 수 있게 하는 역할

드론으로 즐기는 게임 (2)

드론 낚시, 드론 구조, 드론 택배 게임을 통해 실생활 속 드론의 활용과 관련된 게임 활동에 참여해 봅시다.

1 드론 낚시 게임

드론 낚시 게임은 드론에 끈을 연결하고 끝부분에 자석을 부착한 다음, 바닥에 흩어져 있는 클립이 달린 물고기를 제한된 시간 동안 얼마나 많이 낚을 수 있는지를 겨루는 게임입니다. 드론 낚시는 드론 하단에 자석이 달린 긴 줄을 달고 비행하게 되는 게임의 특성상, 조종기 스틱을 크고 급격하게 움직이게 되면 드론 하단의 자석이 크게 흔들리며 드론의 자세 유지가 어려워 집니다. 그러므로 스틱을 부드럽게 조종하며, 움직임을 최소화시켜 안정적인 드론의 자세를 유지하는 능력을 기를 수 있습니다.

A. 준비물과 게임 준비 방법

① 준비물

50cm 정도의 끈(리본, 노끈 등), 화이트보드용 붙임 자석, 테이프 또는 글루건, 하드보드지, 가위, 소형 철제 서류 집게(20개 정도), 물고기 연못 경계 표시용 테이프 또는 훌라후프

② 게임 준비 방법

50cm 정도 길이의 리본이나 노끈의 끝에 병뚜껑 크기의 화이트보드용 둥근 자석이나 손톱 크기의 네오디움 자석을 붙여 준비합니다. 자석을 끝에 묶어두기만 하면 떨어지기 쉬우므로, 테이프나 글루건을 활용하면 더 잘 고정됩니다.

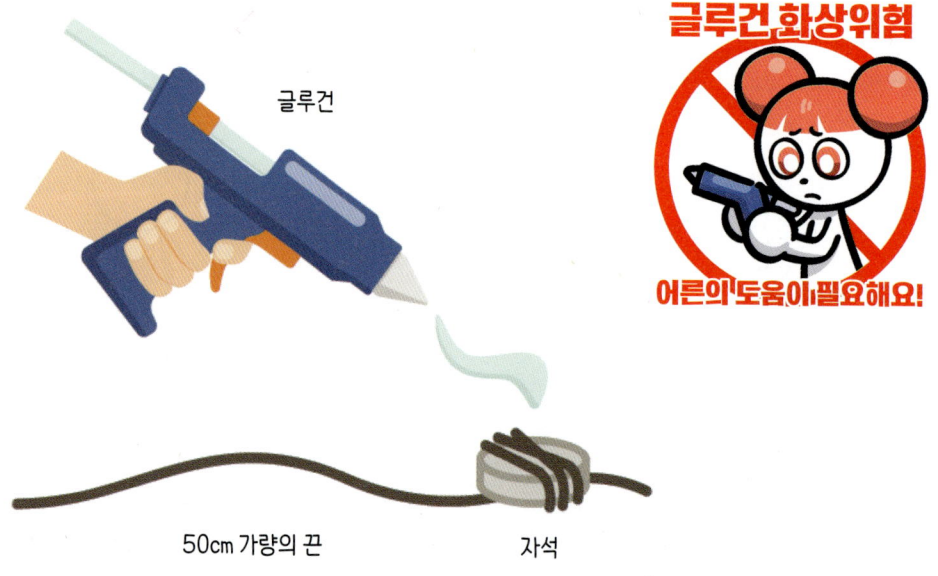

자석이 달린 끈을 스카이킥EVO의 바닥 부분에 묶습니다. 이때 줄이 드론의 중앙에서 아래쪽을 향할 수 있도록 합니다. 만약 한쪽으로 줄이 치우칠 경우, 드론의 자세가 쉽게 흐트러져 비행에 좋지 않은 영향을 줄 수 있습니다.

크고 작은 물고기 모양의 종이를 인쇄하여 하드보드지에 잘라 붙이고 철제 서류 집게를 2~3개씩 꽂아두어 여러 마리를 준비합니다. 물고기 모양 종이를 인쇄하기 어려운 환경일 경우 하드보드지에 손바닥만 한 물고기를 그려서 그림보다 약간 크게 잘라 활용합니다.

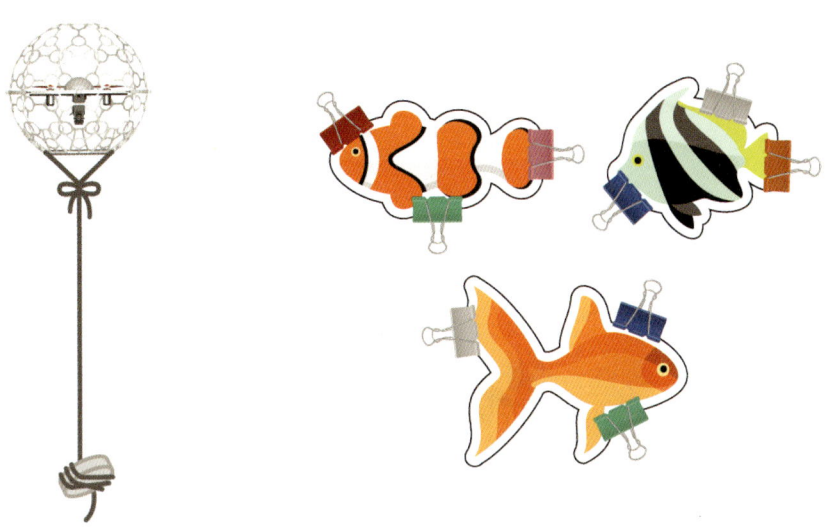

물고기를 연못으로 가정한 가로세로 2m인 공간 안에 뿌려둡니다. 홀라후프 등으로 연못 공간을 지정할 수도 있습니다.

B. 게임 방법

조종자는 심판의 출발 신호와 함께 드론을 이륙시킨 후 3분 동안 연못의 물고기를 낚아 자신의 자리 옆에 모아두도록 합니다. 기본적으로 물고기는 한 번에 한 마리씩만 낚을 수 있습니다.

의도하지 않게 물고기들이 모여있어 한 번에 여러 마리를 낚았을 경우 여러 마리를 낚은 것으로 인정할 수 있습니다. 주어진 시간 동안 가장 많은 물고기를 낚은 조종자가 승리합니다.

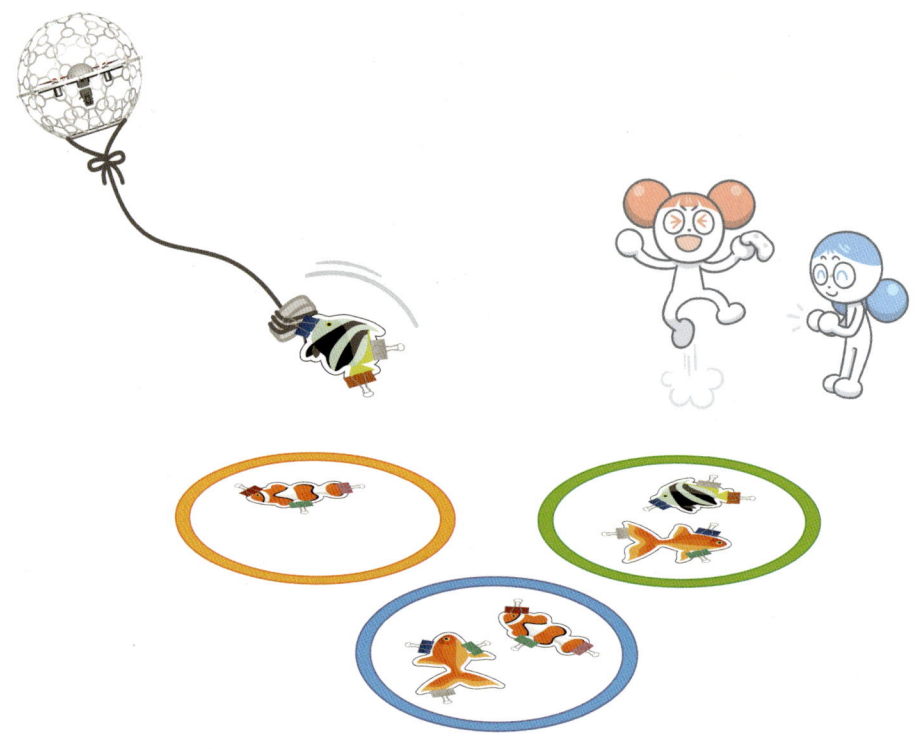

C. 게임 유의사항

- 드론 프로펠러 바람으로 인해 물고기가 쉽게 날아갈 수 있습니다. 너무 멀리 날아가 게임 진행이 어렵다면 물고기 모양의 그림에 집게를 더 붙여서 게임 진행을 원활히 할 수 있습니다.

- 물고기를 낚은 후 물고기의 무게와 잡은 물고기가 휘청거림에 따라 드론의 안정성이 크게 흐트러져 조종하는 것이 한층 더 어려워집니다. 차분하게 드론을 조종자 쪽으로 조종해 올 수 있도록 하는 데 많은 집중력이 필요합니다.

- 드론에 리본이나 노끈이 묶여 있으므로 다른 친구들의 드론들과 수직으로 비슷한 위치에 있다가 위쪽에서 비행하고 있는 드론의 낚시줄이 아래쪽 드론에 빨려 들어갈 경우, 위험한 상황이발생할 수 있습니다. 낚시를 위해 하강할 때는 상대방의 드론에 피해를 주지 않도록 유의하여야 합니다.

2 드론 구조 게임

드론의 다양한 쓰임 가운데 물에 빠진 사람에게 튜브를 내려주는 데 사용되는 구조용 드론 운용을 간접적으로 체험해 볼 수 있도록 만든 게임입니다.

A. 준비물과 게임 준비 방법

① 준비물

종이컵 한 컵(120~150ml) 정도의 물을 채운 500ml 페트병 여러개, 탁구공이나 가볍고 작은 플라스틱 또는 고무공, 리본, 훌라후프, 초시계

② 게임 준비 방법

드론에 리본을 묶고, 30cm 정도 아랫부분에 탁구공이나 가볍고 작은 플라스틱 또는 고무공을 매답니다. 끈으로 공을 묶는 것만으로는 떨어지기 쉬우므로 테이프나 글루건을 활용하면 더 잘 고정됩니다. 게임장은 다음과 같이 꾸밀 수 있도록 합니다. 페트병을 커다란 훌라후프 안에 여러 개를 놓을 수도 있고, 비행 공간 이곳저곳에 흩트려 놓을 수도 있습니다.

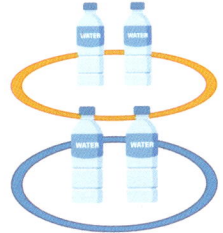
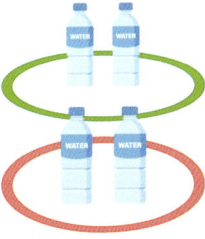

B. 게임 방법

조종자로부터 떨어져 있는 페트병을 물에 빠져 구조를 요구하는 사람으로 가정합니다. 심판의 출발 신호와 함께 드론 이륙 후, 페트병 근처로 이동하여 리본 끝에 달린 공으로 페트병을 접촉하거나 충돌하도록 합니다. 병에 공이 닿거나 넘어지면 드론으로 구조 물품인 튜브를 정확히 전달한 것으로 보고 그렇게 하기까지 걸린 시간을 비교하여 승리자를 정합니다.

드론 하단에 공이 연결되어 있어 드론의 자세가 급작스럽게 변화하거나 빠르고 격하게 움직일 경우, 끈에 달린 공이 크게 진자운동하여 드론의 자세 유지가 어렵게 됩니다. 공의 흔들림에 따라 드론의 움직임이 내 생각과 다르게 움직일 수 있으므로 공의 흔들림이 적게 발생하도록 스틱을 매우 부드럽게 움직이는 것이 중요합니다.

복합키를 이용해 침착하고 정확하게 드론을 조종하여 목적지까지 드론을 비행시키는 동안 움직임을 최소화시키는 연습에 많은 도움이 될 수 있습니다. 이를 통해 드론을 제어하는 기능을 크게 향상시킬 수 있습니다.

3 드론 택배 게임

드론 택배 게임은 드론으로 공깃돌이나 플라스틱 병뚜껑을 운반하여 지정된 장소에 떨어뜨리고 다시 이륙한 장소로 빠르게 돌아와 착륙하는 방식으로 진행됩니다. 이를 통해 드론의 다양한 활용 방안 중 물류 운송 기능을 간접적으로 체험할 수 있도록 만들어진 게임입니다.

A. 준비물과 게임 준비 방법

① 준비물

택배 물품 역할을 하는 공깃돌 또는 플라스틱 병뚜껑 5~10개, 종이컵, 가위, 테이프, 택배 도착지 역할을 할 종이상자나 플라스틱 바구니 또는 훌라후프, 이·착륙장 역할을 할 B4 용지 크기 또는 그것보다 더 큰 크기의 책이나 교실 책상, 초시계 등

② 게임 준비 방법

택배 물품을 드론에 담기 위해 종이컵을 1cm 정도의 높이로 자른 후 아래와 같이 스카이킥EVO의 가드 상단의 중앙에 테이프를 활용하여 고정시킵니다. 이·착륙 지점(B4 용지 또는 책이나 교실 책상)에서 3~4m 떨어진 곳에 빈 상자나 바구니를 두도록 합니다. 실력에 따라 택배 도착지 역할의 크기를 조절할 수 있습니다.

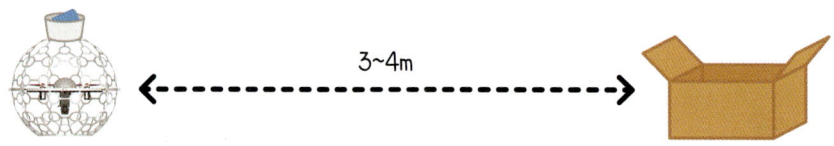

B. 게임 방법

조종자 한 사람당 택배 물품 역할을 할 공깃돌이나 페트병 뚜껑을 5개씩 가지고 시작합니다. 이·착륙장 역할을 하는 B4 용지(또는 책이나 교실 책상) 위에 드론을 놓고 종이컵 안에 택배 물품 한 개를 담습니다.

조종자는 심판의 출발 신호와 함께 드론을 이륙시킨 후, 상자 근처로 드론을 조종하여 이동시키고 플립(Flip, 뒤집기) 기능을 활용하여 종이컵 안의 택배 물품을 바닥에 있는 상자에 떨어뜨립니다. 심판은 조종자가 5개의 병뚜껑을 모두 택배 도착지에 떨어뜨리는데 걸린 시간을 측정합니다.

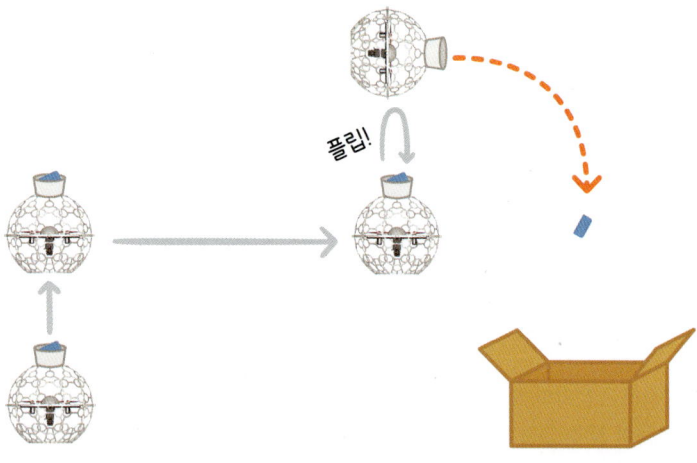

병뚜껑을 상자 안으로 떨어뜨리면 배달 성공, 밖에 떨어뜨리면 택배 배달 실패를 의미합니다. 플립 후에는 성공 또는 실패와 관련 없이 드론을 안정적인 자세로 만든 후, 이·착륙 지점으로 다시 돌아와 착륙합니다.

착륙 시에는 바닥과 접촉하는 드론 가드의 아래쪽이 착륙장 역할을 하는 책상 또는 책 위에 밀착하듯 착륙해야 합니다. 이때 높은 고도에서 비상착륙을 하듯이 추락하면 바닥에 팅겨 착륙장 바깥쪽으로 팅겨져 나가버릴 수 있기 때문입니다. 그럴 경우 다시 이륙하여 온전히 조종자의 조종으로 착륙장 위에 착륙할 수 있도록 해야 합니다.

착륙장에 착륙하면 다음 택배 물품을 종이컵 위에 올려두고 다시 이륙하도록 합니다. 이렇게 반복하여 5개의 택배 물품들을 상자에 가장 많이 떨어뜨린 조종자가 승리합니다. 만약 동일한 개수의 택배 물품 배달에 성공했다면, 첫 이륙부터 마지막 택배 물품 배달 후 이·착륙 지점에 되돌아오기까지의 시간이 가장 적게 걸린 조종자가 승리합니다.

C. 게임 유의사항

- 스카이킥EVO의 360도 플립은 안전을 위하여 배터리 잔량이 절반 이상이며 비행 고도가 1~1.5m 이상일 때 가능합니다.

- 모드 2 방식 조종기를 기준으로, 정해진 고도에서 호버링 중 오른쪽 위 R 버튼을 눌러 부저음이 '삑-' 날 때까지 기다렸다가 R 버튼을 놓지 않은 상태에서 오른쪽 스틱을 상·하·좌·우 중 한 방향으로 정확하게 밀면 허공으로 튀어오르며 뒤집기를 실시합니다. 이때 스틱을 앞쪽으로 밀면 앞쪽, 아래로 밀면 뒤쪽, 왼쪽으로 밀면 왼쪽, 오른쪽으로 밀면 오른쪽 방향으로 뒤집습니다.

- 공기돌이나 병뚜껑을 상자에 투하하기 위한 플립은 조종자의 판단에 따라, 전·후·좌·우 어느 방향이든 상관이 없습니다.

- 드론에 추가적인 부착물이 있는 상태이기 때문에 플립 한 직후 스카이킥EVO가 플립 한 반대 방향으로 크게 흔들리거나 중심을 잃는 경향이 나타나기도 합니다. 그러므로 드론이 관중이나 조종자가 있는 방향으로 갑작스럽게 날아오지 않도록 잘 조종하여 빠르게 안정적인 호버링 상태로 되돌릴 수 있어야 합니다.

- 스카이 센서를 장착 중에는 플립 비행이 불가능 합니다.

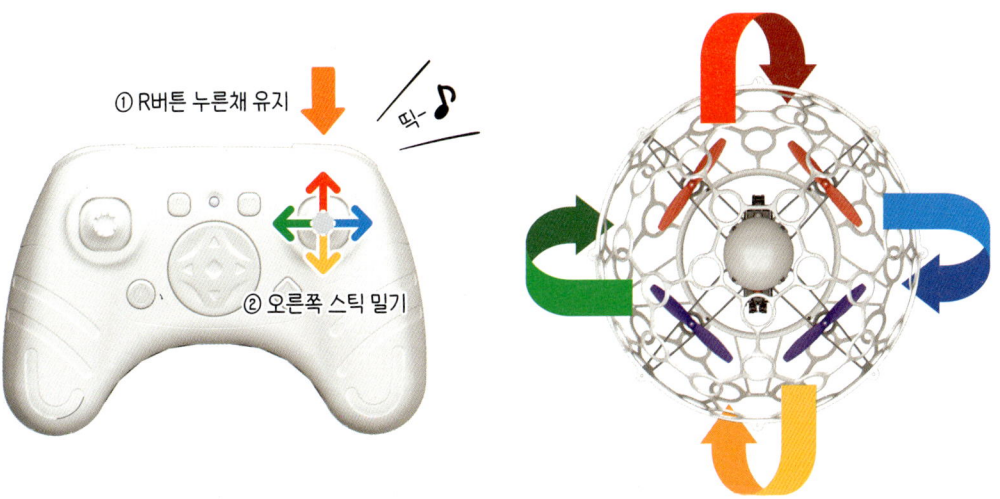

드론의 3축에 대해 알려줘!

드론은 기체의 중심을 기준으로 3개의 축(X축, Y축, Z축)으로 이루어져 있습니다. 그리고 이 3개의 축을 기준으로 기울어지거나 회전을 하게 되는데, 이로 인해 드론이 전, 후, 좌, 우로 이동하거나 시계방향이나 반시계 방향으로 회전할 수 있게 됩니다. 앞에서 배웠던 드론의 비행 동작 용어(Pitch, Roll, Yaw)가 바로 이 3개의 축을 기준으로 나타나는 움직임을 표현하는 단어들입니다.

드론의 축	축의 기능
	X축 - Roll(롤) X축을 기준으로 드론이 좌, 우로 기울어지면서 좌측이나 우측으로의 이동을 결정하게 됩니다.
	Y축 - Pitch(피치) Y축을 기준으로 드론이 앞, 뒤로 기울어지면서 전진, 후진을 결정하게 됩니다.
	Z축 - Yaw(요) Z축을 기준으로 드론이 반시계 방향(좌회전)이나 시계 방향(우회전)으로 제자리 회전하는 것을 결정하게 됩니다.

CHAPTER 11

코딩 비행 준비하기

스카이킥EVO 코딩 센서와 전용 블록 코딩 소프트웨어를 사용하여 코딩 비행을 준비해 봅시다.

1 스카이 센서 알아보기

스카이킥EVO는 제조사에서 제공하는 '코딩 센서'인 [스카이 센서]와 [스카이킥EVO용 블록 코딩 소프트웨어]를 활용하여 코딩을 통한 비행을 할 수 있습니다. 코딩 비행을 위해서는 우선 옵션(선택사양)으로 제공되는 스카이킥 EVO 전용 코딩 센서인 [스카이 센서]를 구매하여 직접 장착하여야 합니다. 코딩 센서는 '캠틱드론', '내일은쌤' 또는 다양한 검색 사이트에서 [스카이킥EVO 코딩센서]로 검색하여 구입이 가능합니다.

※ 캠틱드론(https://camticdrone.co.kr), 내일은 선생님(https://imssam.me)

A. 코딩센서의 구조

스카이킥EVO 코딩 센서인 스카이 센서는 다음과 같은 구조를 가지고 있습니다.

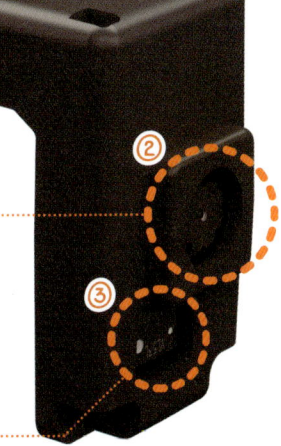

① 메인보드 4핀 커넥터
드론 하단 센서 커넥터에 직접 결합되는 부분으로 동봉된 센서툴을 이용하여 드론에 장착합니다.

② 비전 센서
드론 아랫쪽 바닥의 이미지 정보를 인식하고 활용하여 드론이 다른 곳으로 이동하지 않고 제자리에서 호버링 할 수 있도록 합니다.

③ 초음파 센서
지면을 향해 초음파를 보내고 반사되어 돌아오는 초음파를 통해 고도(비행 높이)가 일정하게 유지될 수 있도록 하여 호버링 시 고도 유지를 돕는 역할을 합니다.

B. 스카이 센서 장착 방법

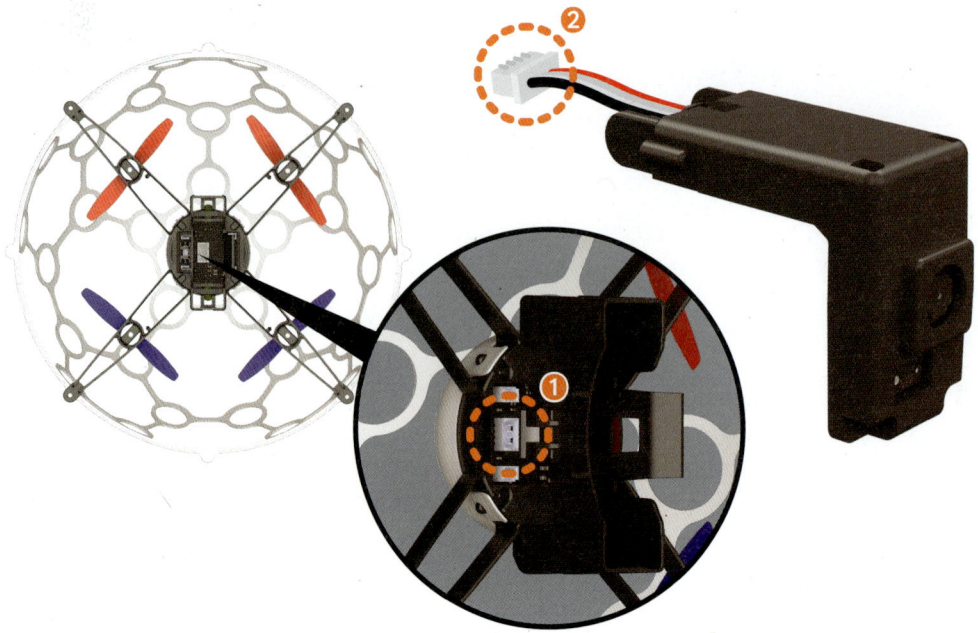

① 스카이킥EVO의 하단과 스카이 센서에는 ❶, ❷와 같이 스카이 센서 장착을 위한 커넥터(연결부위)가 있습니다. 스카이 센서 커넥터의 조그만 핀들이 손상되지 않도록 패키지에 동봉된 센서툴을 이용해 스카이킥 EVO 커넥터에 맞물려 끼우도록 합니다. 이때 무리한 힘을 줄 경우, 스카이 센서의 커넥터나 드론의 커넥터 안쪽 뾰족한 핀들이 손상될 수 있으니 주의하도록 합니다.

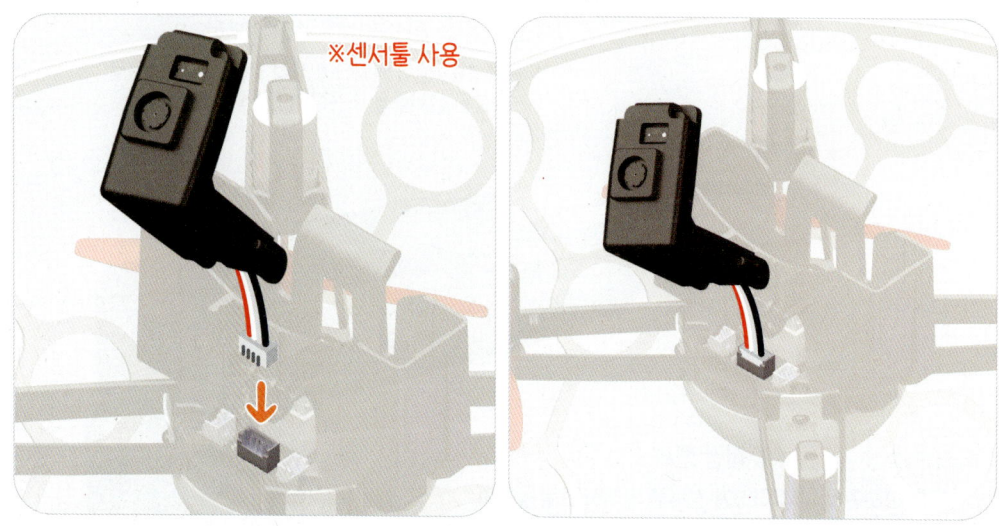

※센서툴 사용

스카이센서에 달려있는 검정색 전선(RGD)과 빨간색 전선(+)을 드론 커넥터에 연결할 때 어떤 방향으로 꽂아야 하는지 정확하게 확인한 후 연결하도록 합니다. 스카이 센서 커넥터의 네개의 핀이 보이는 부분이 바깥쪽을 향하도록 끼워넣어야 합니다.

만약 빨간색과 검정색 전선의 방향을 반대로 연결하려 할 경우, 커넥터와 연결부위가 맞지 않아 끼워지지 않습니다. 이때 무리하게 힘을 주어 강제로 잘못된 방향으로 스카이 센서를 끼운 채 드론을 작동시키면 드론과 스카이 센서에서 고장이 발생할 수 있습니다.

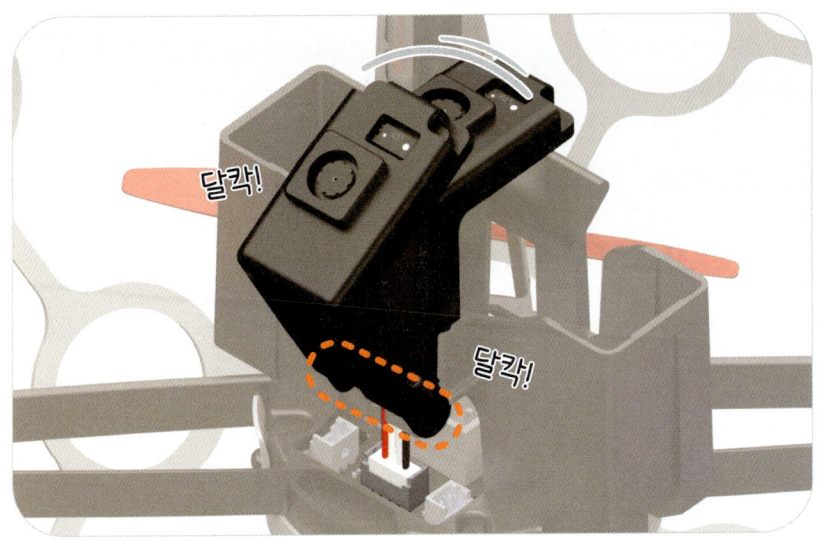

② 커넥터 끼리 결합되었다면, 다음으로 스카이 센서 또한 배터리 프레임에 돌출되어있는 결합부에 정확하게 결합해 줍니다. 드론에 스카이 센서가 알맞게 결합되었다면 힌지 부분이 고정된 채로 열렸다 닫히길 반복할 수 있습니다. 드론에 배터리를 결합하기 위해 스카이 센서를 열어서 배터리를 장착 후 다시 센서를 닫아 줍니다.

> 스카이 센서에 충격이 가해지면 내부 센서들에 이상이 생길 수 있어.

> 스카이 센서는 코딩 모드에서만 장착하고 조종 모드에서는 제거하자!

 💡 **짚고 넘어가 볼까요?**

・스카이 센서와 함께 비행하기 전!

스카이 센서를 드론에 잘 결합했나요? 커넥터들끼리 방향을 맞추어 잘 꽂고 센서의 힌지도 배터리 프레임에 잘 결합되었다면 마지막으로 센서가 '달칵'소리를 내며 배터리를 감싸듯 제대로 닫혔는지 확인해야 해요.

배터리를 가로지르듯 감싸는 모양으로 센서가 결합된 후 고정되어야 드론이 비행 중 호버링을 할 때 오류가 일어나지 않아요. 만약 커넥터 또는 센서의 힌지까지만 결합한 후 드론을 비행시키면 센서가 공중에서 바닥을 제대로 바라보지 못하고 드론이 엉뚱한 위치를 인식하게 되면서 위험한 비행에 빠지게 됩니다.

② 스카이킥EVO 블록 코딩 프로그램 설치하기

스카이킥EVO에 스카이 센서를 장착했다면 코딩 비행에 사용할 컴퓨터(PC나 노트북)를 준비하고, 비행을 위한 블록 코딩 프로그램을 컴퓨터에 설치하도록 합니다. 스카이킥EVO용 블록 코딩 프로그램은 아래의 방법을 따라 설치할 수 있습니다.

A. 전용 블록 코딩 프로그램 설치 방법

① '내일은쌤' 홈페이지를 방문합니다(https://imssam.me/). 이후 상단 카테고리의 [자료실]을 클릭합니다.

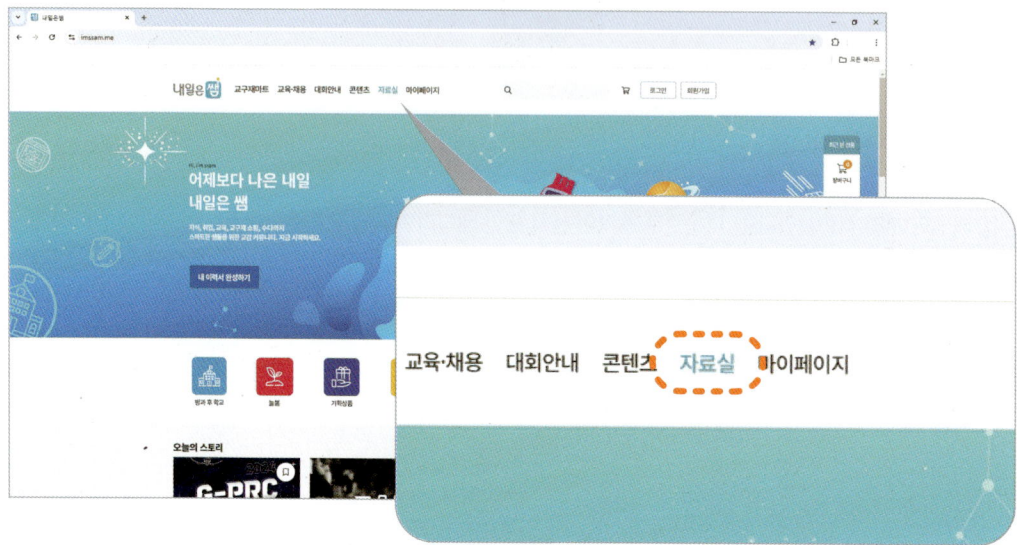

② '내일은쌤 자료실' 홈페이지가 새로운 창으로 생성됩니다. 이후 상단 카테고리의 [소프트웨어]에 마우스를 올리면 나타나는 추가 카테고리 [드론&항공]을 클릭합니다.

③ '스카이킥 에보 스크래치 파일' 게시물을 클릭합니다.

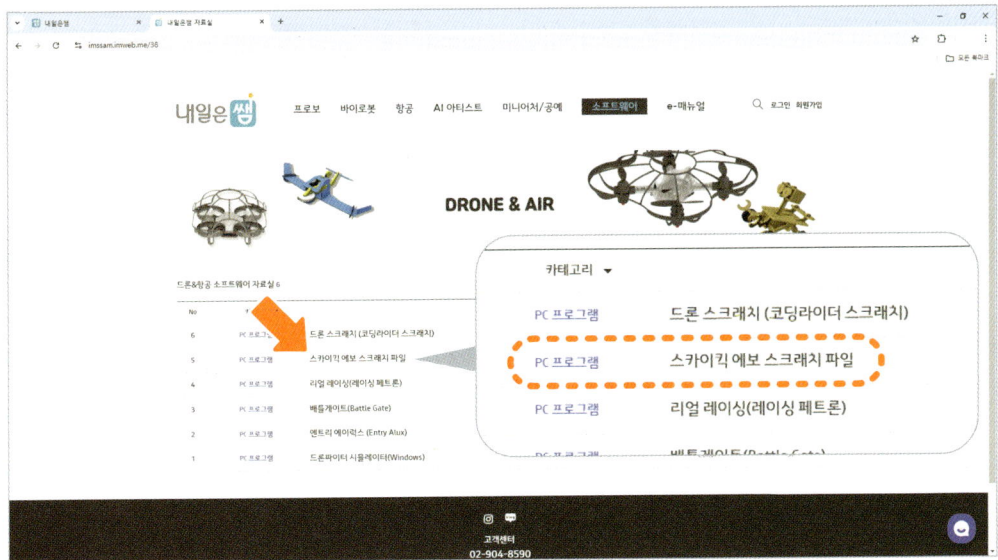

④ '첨부파일 다운로드(클릭)' 링크를 누르면 스카이킥EVO 전용 블록 코딩 프로그램을 설치할 수 있는 사이트로 이동하게 됩니다. 이동한 사이트에서 '스카이킥 스크래치 설치하기' 링크를 눌러서 프로그램을 설치해 주세요.

B. 드론과 전용 블록 코딩 프로그램 연결 방법

① 앞서 스카이킥EVO 전용 코딩 블록 프로그램의 설치가 끝났다면, 드론에 배터리를 연결하여 전원을 켠 후 스카이 센서 구매 시 제공되는 케이블(C to USB)을 이용해 조종기를 컴퓨터에 연결합니다.

② 전용 블록 코딩 프로그램을 실행합니다. 먼저 [코딩을 위한 준비]를 눌러 세부 내용을 읽어본 후 [코딩 시작하기]를 클릭합니다.

③ 좌측 '코드' 카테고리 중 [SKYKICK] 메뉴를 클릭하면 스카이킥EVO의 명령 블록들이 나타납니다. 이후 명령 블록들의 상단에 표시된 주황색 느낌표 아이콘을 클릭합니다.

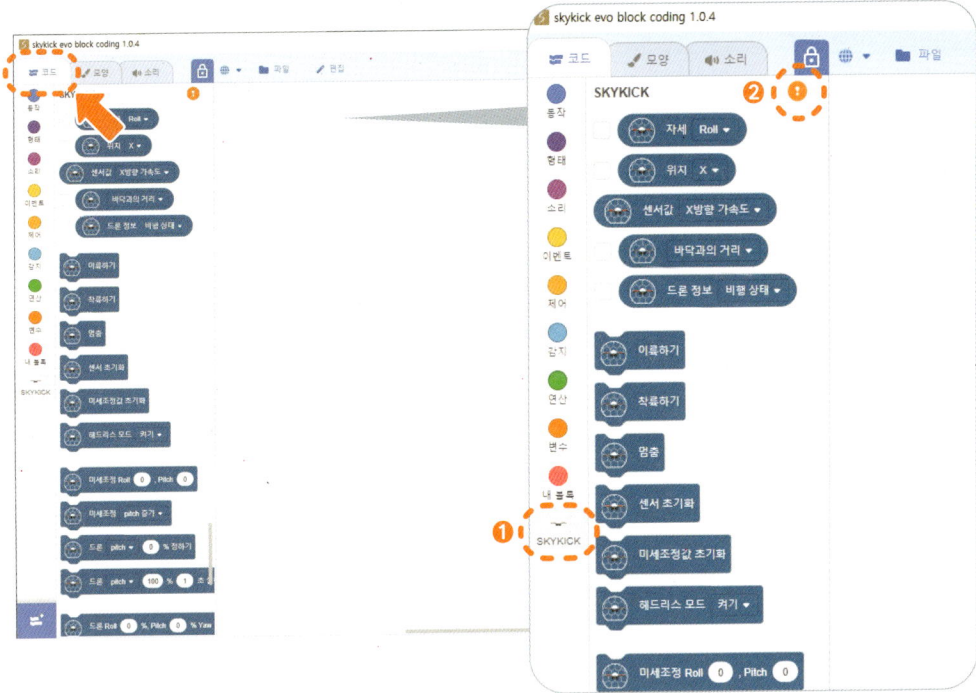

④ 드론 검색을 위한 팝업창이 뜨면 [검색 시작] 버튼을 누르기 전, 조종기의 M 버튼을 눌러 '띠리띠리' 부저음이 울리는 것을 통해 코딩 모드 전환을 확인합니다.

※ 이때 조종기의 M 버튼을 한번 더 누르면 '띠리' 하는 부저음이 울리면서 조종 모드로 전환됩니다.

⑤ 앞선 과정을 잘 이행했다면, 팝업창의 [검색 시작]버튼을 클릭합니다. 프로그램이 연결한 드론을 잘 찾았다면 '연결됨' 팝업창으로 변경됩니다. [편집기로 가기]버튼을 눌러서 코딩 화면으로 돌아갑니다.

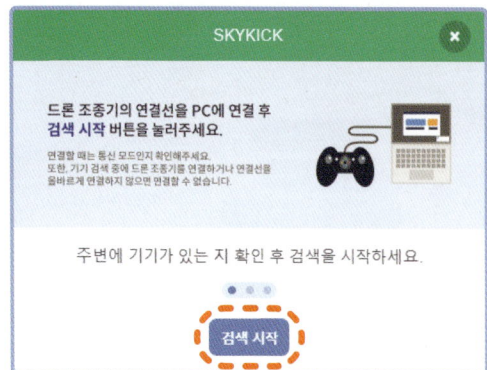 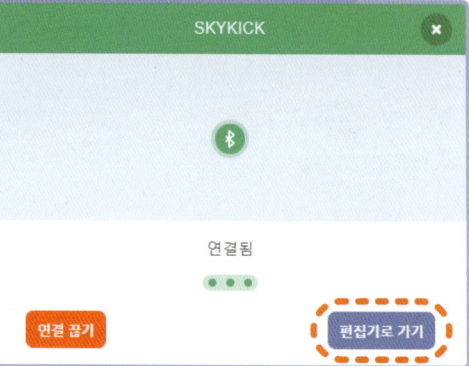

⑥ 주황색 느낌표 아이콘이 초록색 체크표시 아이콘으로 바뀌었다면 제대로 연결된 것 입니다.

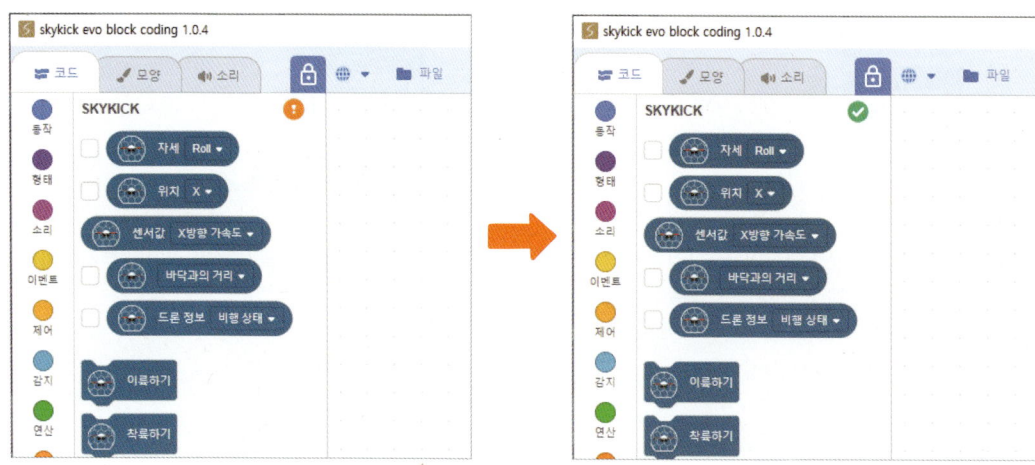

만약 드론과 블록 코딩 소프트웨어와의 연결 과정에서 아래와 같은 팝업창이 뜬 채로 계속 된다면, 팝업창의 설명을 따라 기기의 버튼을 눌러서 다시 연결을 시도하거나 다른 케이블을 사용하여 처음부터 다시 연결을 시도하도록 합니다. 또한 드론의 전원이 켜져 있는지 다시 한 번 확인하도록 합니다.

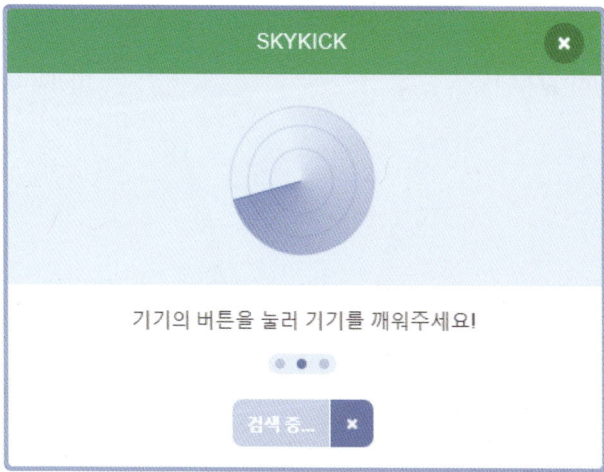

3 프로그램 속 코딩 블록 살펴보기

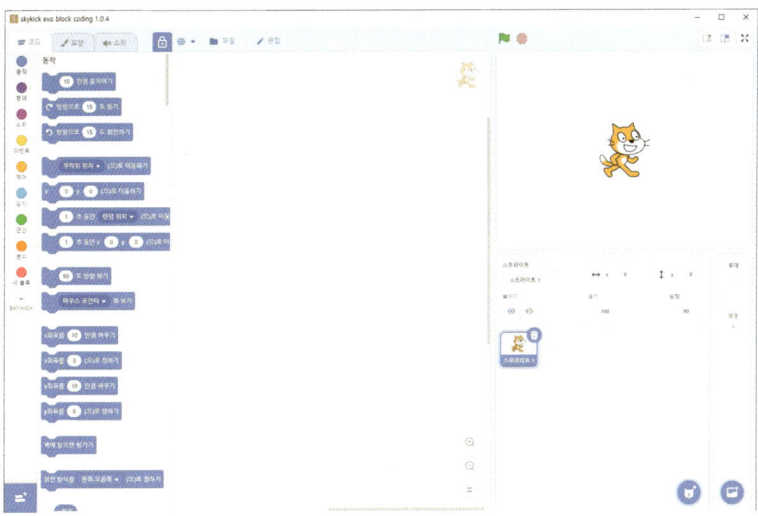

비행을 위한 코딩은 블록 코딩 프로그램의 편집기 화면에서 수행하게 됩니다. 드론 코딩 편집기 화면은 기본적으로 '스크래치(Scratch)'와 상당 부분 비슷합니다. 하지만 코딩 비행을 위해 몇 가지 변화된 부분이 있어 다음의 사용 방법들을 자세히 살펴봐야 합니다.

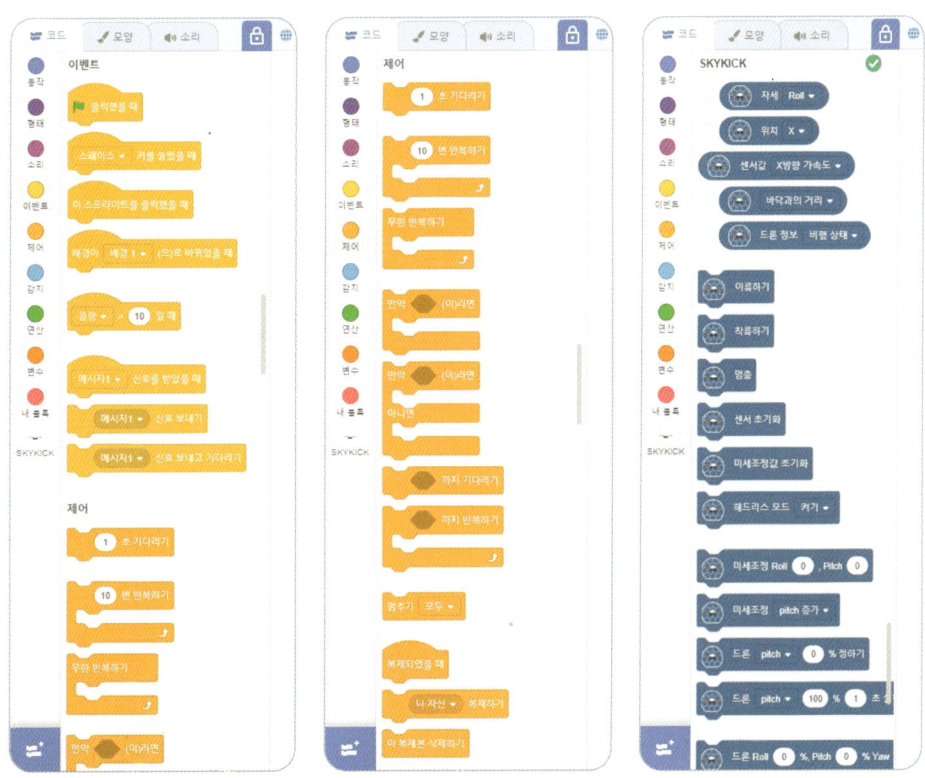

실제 코딩 비행을 위해서는 다양한 명령 블록들 가운데 노란색 [이벤트], 주황색 [제어], 초록색 [SKYKICK] 카테고리 안에 있는 블록들을 주로 사용하게 됩니다.

특히 [SKYKICK] 카테고리 안에 있는 명령 블록들은 스카이킥EVO의 코딩 비행을 위한 전용 코딩 블록들이므로 코딩 블록의 내용과 입력값, 단위 등을 정확히 살펴보며 활용할 수 있어야 합니다.

A. 이·착륙 및 멈춤 블록

① 이륙하기 블록
드론의 프로펠러가 회전하기 시작한 후 그 자리에서 떠올라 약 0.5m~1m 사이의 높이에서 호버링(제자리 정지 비행)하게 됩니다.

② 착륙하기 블록
드론이 현재의 위치에서 고도를 낮추고 바닥에 착지한 후 프로펠러를 멈추도록 하는 블록입니다. 착지 후 프로펠러가 완전히 멈추어야 해당 블록의 명령 수행이 완료됩니다. 착륙하기를 완료하는 데 걸리는 시간은 비행하는 높이(고도)에 따라 달라집니다.

③ 멈춤 블록
드론이 해당 블록 명령어를 실행하면 모든 프로펠러가 즉시 동작을 멈춥니다. 비행 중 해당 명령이 전달되면 드론은 즉시 프로펠러의 작동이 멈춰 추력을 잃고 그 자리에 그대로 추락하게 됩니다. 고도가 높거나 드론의 밑에 위험물이나 사람이 있다면 부상이나 사고로 이어질 수 있으므로 주의하여 사용하여야 합니다.

B. Roll, Pitch, Yaw, Throttle 값을 활용한 드론 비행 블록

다음의 코딩 블록들은 드론의 Roll, Pitch, Yaw, Throttle 값을 -100%부터 100%까지의 범위 내에서 지정하여 원하는 비행을 할 수 있도록 합니다. 스카이킥EVO의 경우 Roll, Pitch, Yaw, Throttle에 지정된 값이 음수(-)인지 또는 양수(+)인지에 따라 드론의 움직임 방향이 결정되고 입력되는 숫자의 절대값(크기)는 변화하는 출력의 양 결정하게 됩니다.

Roll, Pitch, Yaw, Throttle 값의 양수 또는 음수 여부에 따라 드론의 이동 방향은 다음과 같이 결정됩니다. 해당 내용은 관련 비행 명령 블록들을 원활히 사용하기 위해 암기하는 것이 좋습니다.

조작	입력값	결과
PITCH (피치)	양수 (n%)	전진 이동
	음수 (-n%)	후진 이동
ROLL (롤)	양수 (n%)	오른쪽 이동
	음수 (-n%)	왼쪽 이동
THROTTLE (스로틀)	양수 (n%)	위로 이동 (상승)
	음수 (-n%)	아래로 이동 (하강)
YAW (요)	양수 (n%)	왼쪽 회전
	음수 (-n%)	오른쪽 회전

Roll, Pitch, Yaw, Throttle 값 단독 변화 블록

① Roll, Pitch, Yaw, Throttle 출력 변경 블록

해당 블록은 Roll, Pitch, Yaw, Throttle을 '-100'~'100'사이의 범위에서 정하여 드론의 이동을 결정하는 블록입니다. 해당 블록은 주로 '제어' 카테고리의 블록 중 [1초 기다리기] 와 함께 쓰입니다. 값(%)을 입력하여 모터 출력을 결정하고 비행 자세 변경 또는 상승·하강을 제어할 수 있습니다. 주의해야 할 점은 해당 블록을 사용한 후에는 반드시 변화시켰던 값을 0%로 재설정하도록 [드론 pitch 0 %정하기] 를 사용해줘야 드론이 이동을 멈추고 안정적으로 호버링하게 됩니다.

② Roll, Pitch, Yaw, Throttle 출력 변경 및 시간 지정 블록

[드론 pitch 0 %정하기] 와 [1초 기다리기] 가 결합된 형태로 생각하면 이해하기 쉽습니다. 정해진 Roll, Pitch, Yaw, Throttle의 값을 지정한 시간(초) 만큼 변화시켜 드론을 이동시킵니다. 보다 구체적인 적용 시간을 정할 수 있는 특징이 있습니다.

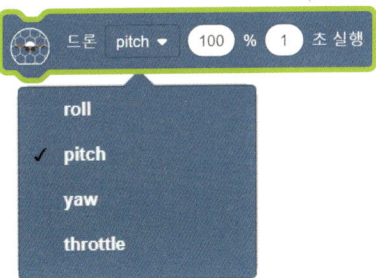

③ Roll, Pitch, Yaw, Throttle 출력 변경의 시간 지정 여부에 따른 사용 특성

'이륙하여 Pitch 50%를 2초 동안 유지하여 전진한 후 착륙'하는 비행의 코딩은 사용하는 블록에 따라 다르게 조립될 수 있습니다.

<① 활용 사례>

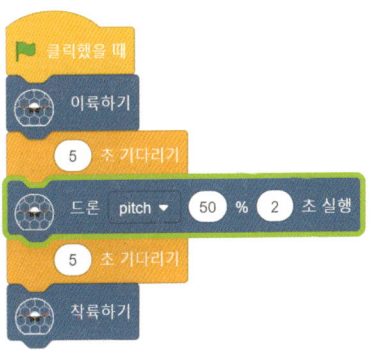

<② 활용 사례>

Roll, Pitch, Yaw, Throttle 값 복합 변화 블록

① Roll, Pitch, Yaw, Throttle 출력 복합 변경 블록

해당 블록은 Roll, Pitch, Yaw, Throttle을 '-100'~'100'사이의 범위에서 각각 설정할 수 있으며, 명령을 실행하면 값이 입력된 조작의 출력이 복합적으로 작동하여 드론을 이동하게 만드는 블록입니다. 해당 블록은 주로 '제어' 카테고리의 블럭 중 와 함께 쓰입니다. 값(%)을 입력하여 모터 출력을 결정하고 비행 자세 변경 또는 상승·하강을 제어할 수 있습니다. 주의해야 할 점은 해당 블록을 사용한 후에는 반드시 변화시켰던 값을 0%로 재설정하도록 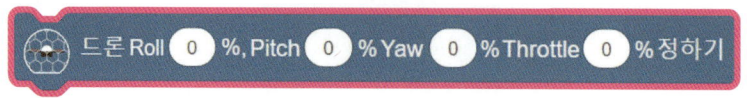 를 사용해줘야 드론이 이동을 멈추고 안정적으로 호버링하게 됩니다.

블록의 설정값을 복합적으로 변경할 경우, 코딩 전에 예상했던 대로 드론이 움직인 것인지 정확히 판단하기 어려울 수 있습니다. 그러므로 Roll, Pitch, Yaw, Throttle 가운데 2가지 정도의 값 만을 입력하여 드론의 움직임을 차분히 관찰함으로써 출력 복합 변화 블록을 사용할 수 있는 요령을 터득하는 것이 바람직합니다.

② Roll, Pitch, Yaw, Throttle 출력 복합 변경 및 시간 지정 블록

 와 가 결합된 형태로 생각하면 이해하기 쉽습니다. 정해진 Roll, Pitch, Yaw, Throttle의 값을 지정한 시간(초) 만큼 변화시켜 드론을 이동시킵니다. 보다 구체적인 적용 시간을 정할 수 있는 특징이 있습니다.

③ Roll, Pitch, Yaw, Throttle 출력 복합 변경의 시간 지정 여부에 따른 사용 특성

'이륙 후 2초간 20%의 출력으로 앞으로 전진함과 동시에 20%의 출력으로 상승한 후 그 자리에서 호버링한 후 착륙'하는 비행의 코딩은 사용하는 블록에 따라 다르게 조립될 수 있습니다.

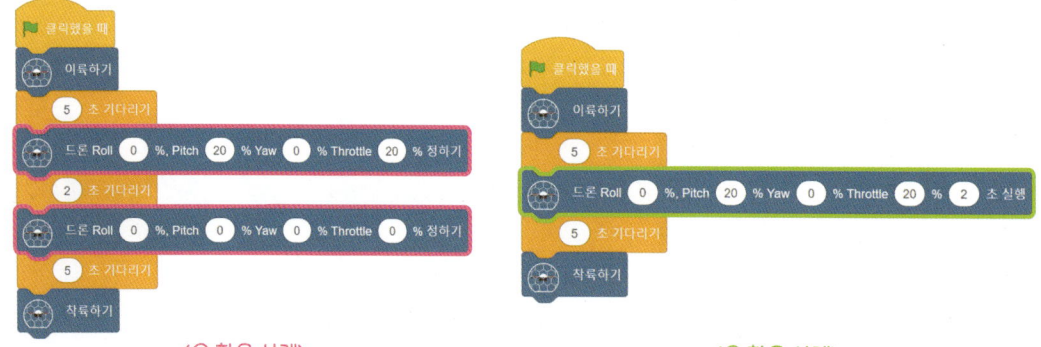

〈① 활용 사례〉　　　　　〈② 활용 사례〉

C. 거리와 회전 방향, 속도를 활용한 비행 블록

① 거리, 속도 비행 블록(Pitch, Roll, Throttle)
- 지정된 거리만큼 떨어진 곳(단위 m)으로, 지정한 속도(m/s)로 이동하도록 하는 비행 블록입니다.
- 이동 속도가 빠를 때보다 이동 속도를 느리게 할 경우, 조금 더 정확한 이동이 가능합니다.
- 스카이킥EVO의 경우 옵티컬플로우센서만을 활용하여 위치를 파악하므로, 매번 같은 값을 입력하더라도 스카이센서의 상태나 모터 또는 배터리의 상태, 비행 자세 관련 센서들의 상태에 따라 이동량이 다르게 나타날 가능성이 존재합니다. 그러므로 비행 전 드론의 상태와 배터리 충전량, 센서들의 상태를 점검하여 정확한 코딩 비행이 이루어질 수 있도록 해야 합니다.

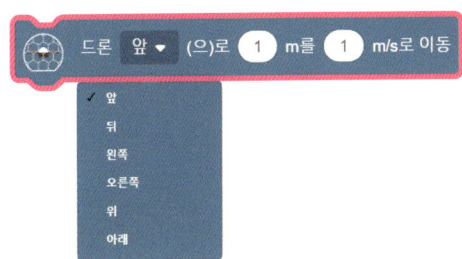

② 회전 방향, 회전량, 회전 속도 비행 블록(Yaw)
- 시계 방향이나 반시계 방향으로 회전비행하도록 하는 블록으로, 회전하는 속도를 지정할 수 있습니다.
- 1바퀴 이하를 회전하고 싶다면 0~360도 내에서 회전량을 입력하면 되고, 2바퀴 회전을 원할 경우 720도를 입력하면 됩니다.
- 회전 속도는 1초당 회전하는 정도를 의미하며 1초당 90도를 회전할 경우 90deg/s, 1초당 180도를 회전할 경우 180deg/s를 입력하면 됩니다.

③ 거리, 속도 복합 지정 비행 블록
- 앞·뒤, 좌·우, 위·아래 각 방향으로 어느 위치(좌표)로 이동할 것인지 지정하고 그 지점까지 최단거리로 이동하되, 이동 속도를 어느 정도로 할지 정하여 비행하는 블록입니다.

④ 거리, 속도, 회전 복합 지정 비행 블록
-  과 [블록] 을 결합한 형태의 블록입니다. 현재의 드론이 있는 위치에서 일정한 위치만큼 떨어져 있는 지점으로 이동함과 동시에 드론이 지정한 만큼 회전하도록 하는 블록입니다.
- 다른 복합 비행 블록과 마찬가지로 드론의 다양한 움직임이 동시에 일어나기 때문에 처음부터 해당 블록을 적극적으로 사용하기보다, 거리 관련 값 가운데 한 가지와 속도, 회전 비행 값만을 입력하며 드론이 어떻게 비행하는지 차분히 관찰하여 해당 블록의 특성을 파악하는 과정이 필요합니다.

4 간단한 비행 코스 코딩 연습하기

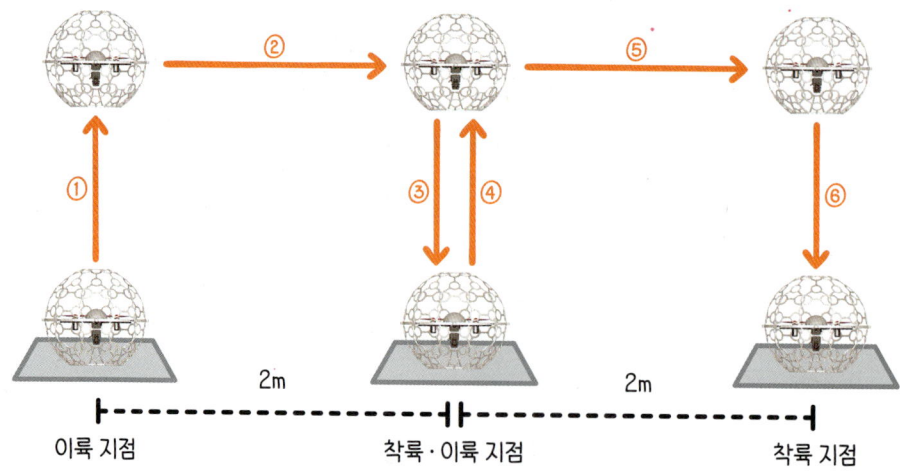

전용 블록 코딩 프로그램을 살펴보았다면 위와 같은 코스를 비행하기 위한 블록 코딩을 연습해 봅시다. 주어진 코스를 비행하기 위해서는 아래와 같은 순서로 블록들을 조립해 코딩해야 합니다. 이를 위해 ①부터 ⑥까지의 단계별 명령어에 해당하는 코딩 블록을 코드 목록에서 블록 조립소로 끌어옵니다.

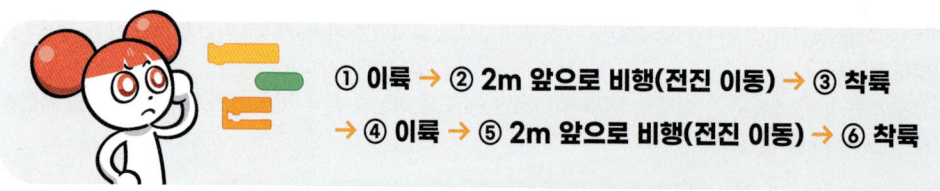

[클릭했을 때]블록을 가장 위에 둔 상태에서 필요한 명령어 코딩 블록을 순서대로 조립합니다. 이때 모든 명령어 사이에 [5초 기다리기] 블록을 끼워 넣어야 합니다. 만약 [5초 기다리기]를 중간에 끼워넣지 않으면, 깃발 아이콘 ▶(코딩 실행 아이콘)을 클릭한 순간 모든 명령 블록이 순식간에 실행되는 바람에, 일부 명령들이 생략되어 계획한 명령을 제대로 수행하지 못하는 'Running miss (런닝 미스 : 명령 미이행)'가 발생할 수 있습니다.

예를 들면 아래와 같이 [이륙하기] 블록 아래에 [5초 기다리기] 블록이 없는 경우를 살펴봅시다. [이륙하기] 블록은 명령을 완벽하게 수행하기까지 약 3~5초의 시간이 소요됩니다. 약 3~5초의 시간 동안 드론은 제자리에서 모터에 시동을 걸고 수직으로 약 0.5m 상승한 후 공중에서 호버링을 하며 자리를 잡습니다. 하지만 프로그램은 드론이 명령을 동작하는 중에도 다음 명령인 [앞으로 2m 전진], [착륙하기]를 차례대로 빠르게 읽어버리고 맙니다.

드론은 이륙을 수행중이기 때문에 다음으로 읽은 명령인 '앞으로 2m 전진', '착륙하기'를 할 수 없습니다. 이륙 동작을 완료한 후에는 이미 모든 명령어를 읽은 뒤이기 때문에 더 이상 수행할 명령이 없다고 판단하여 이륙 후 제자리에 멀뚱히 떠있는 상태가 되어버립니다. 이러한 문제가 발생할 수 있기 때문에 드론에게 어떤 명령을 수행시켰다면 해당 명령을 동작할 시간을 계산하여 [n초 기다리기] 블록을 추가해야 합니다.

앞서 주어진 코스를 비행하기 위해서는 대개 다음의 두 가지 예시와 같이 코딩하게 됩니다. 이전 설명처럼 예시 코딩의 명령 블록 뒤에 적절한 [n초 기다리기] 블록을 배치하도록 합니다.

[착륙하기] 블록은 모터의 출력을 감소시켜 바닥과 드론 사이의 거리 값이 '0'이 될 때까지 하강하고, 바닥에 착륙한 후에는 완전히 시동을 끄는 과정을 수행합니다. 코딩마다 드론과 바닥의 거리도 달라질 수 있기 때문에 착륙 시에는 각자의 상황에 맞춰서 [n초 기다리기] 블록을 설정해야 합니다.

예시 ① : 순차 구조

```
클릭했을 때
이륙하기
5 초 기다리기
드론 앞 (으)로 2 m를 1 m/s로 이동
5 초 기다리기
착륙하기
5 초 기다리기
이륙하기
5 초 기다리기
드론 앞 (으)로 2 m를 1 m/s로 이동
5 초 기다리기
착륙하기
```

예시 ② : 순차+반복 구조

```
클릭했을 때
2 번 반복하기
  이륙하기
  5 초 기다리기
  드론 앞 (으)로 2 m를 1 m/s로 이동
  5 초 기다리기
  착륙하기
  5 초 기다리기
```

이때 예시 ①은 비행에 필요한 모든 명령어를 순서대로 나열하여 표현하는 형태의 '순차 구조'를 바탕으로 한 코딩입니다. 예시 ②는 비행 코스가 '이륙-전진-착륙'을 두 번 반복한다는 사실을 파악하고 정해진 횟수만큼 동일한 명령어를 반복하도록 '순차 구조'와 '반복 구조'를 함께 사용한 것입니다.

일반적으로 코딩을 잘한다는 것은 주어진 미션을 수행할 때 명령 블록 수를 최대한 줄여 해당 문제를 간단히 해결함을 의미합니다. 따라서 예시 ② 코드가 예시 ① 코드보다 간결하기 때문에 더 바람직한 코딩이라 볼 수 있습니다.

하지만 드론의 경우 드론이 비행할 때 다양한 외부 요인들이나 비행 시 고려해야 할 다양한 요소들이 존재합니다. 간결하게 코딩했을 때 오히려 드론이 예상된 경로로 비행하지 못하게 되는 경우도 많습니다. 따라서 드론 비행을 위한 코딩은 간결함을 우선하기보다, 길고 복잡하더라도 실제 비행 중 오류가 발생할 가능성을 최소화할 수 있는 코드가 더 바람직하다고 평가할 수 있습니다.

그러므로 주어진 위 예시들처럼 코딩하고 자신의 의도대로 드론이 정확하게 동작할 수 있는지 실제 비행을 통해 확인한 후 그 결과를 바탕으로 자신의 코딩을 평가할 수 있어야 합니다.

CODING&SPORTS
SKYKICK EVOLUTION

비행을 위한 코딩 블록에 대해 알려줘!

스카이킥EVO 전용 블록 코딩 프로그램에는 일반적인 블록 코딩에 사용되는 코딩 블록 외에도 스카이킥EVO의 비행을 위한 전용 코딩 블록들이 존재합니다. 스카이킥EVO 전용 코딩 블록에 대해 자세히 살펴봅시다.

드론 비행 블록

비행을 위한 이륙, 착륙, 모터 정지 명령과 비행 전 센서 조정, 모드를 설정할 수 있습니다.

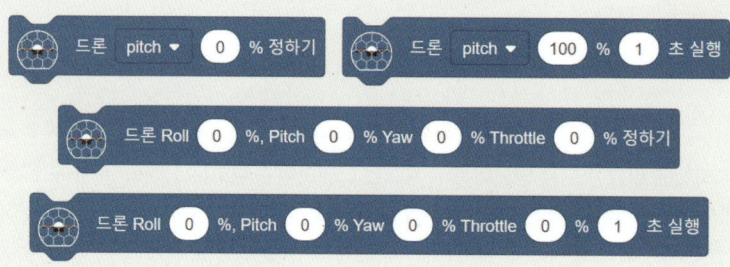

드론의 움직임을 Throttle, Yaw, Pitch, Roll의 수치로 조절하여 명령할 수 있습니다.

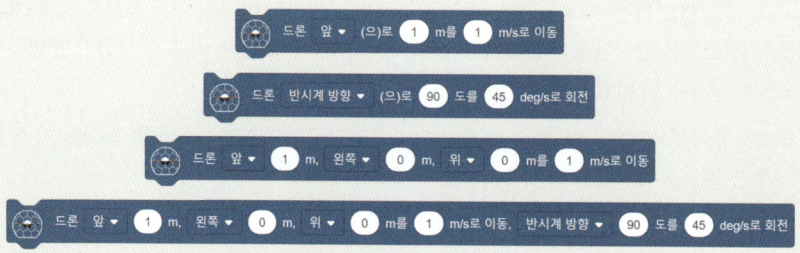

드론의 움직임을 동작의 방향으로 결정하여 명령할 수 있습니다.

11 CHAPTER
코딩 비행 준비하기

드론 센서 블록

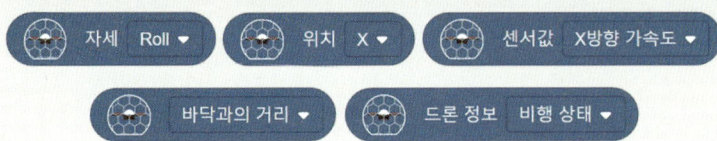

스카이킥EVO의 여러 가지 센서들의 실시간 측정 값을 확인할 수 있고, 변수 블록으로 사용할 수 있습니다.

드론 LED 제어 블록

스카이킥EVO의 LED를 켜고 끄거나 다양한 색상으로 점등시킬 수 있습니다.

드론 부저 블록

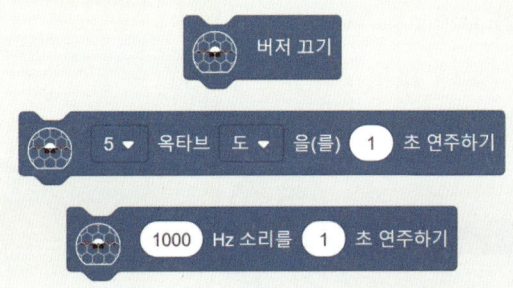

조종기의 부저(Buzzer) 소리를 제어할 수 있습니다.

CHAPTER 12
코딩 비행 실습하기

스카이킥EVO로 코딩 비행을 하기 위한 절차를 살펴보고 장애물 코스 코딩 비행 실습을 해봅시다.

1 코딩 비행 절차 알아보기

스카이킥EVO로 코딩 비행을 하기 위해서는 다음과 같은 절차를 거치게 됩니다.

- ☑ **1단계** 드론 비행 코스 확인 및 비행 경로, 방법 계획
- ☑ **2단계** 스카이킥EVO 전용 블록 코딩 프로그램 실행
- ☑ **3단계** 드론과 컴퓨터 연결
- ☑ **4단계** 계획된 비행 경로와 방법을 생각하며 비행을 위한 코딩 블록 조립
- ☑ **5단계** 1차 시험 비행
- ☑ **6단계** 문제가 있는 코드 수정
- ☑ **7단계** 2차 시험 비행

[1단계] 드론 비행 코스 확인 및 비행 경로, 방법 계획하기

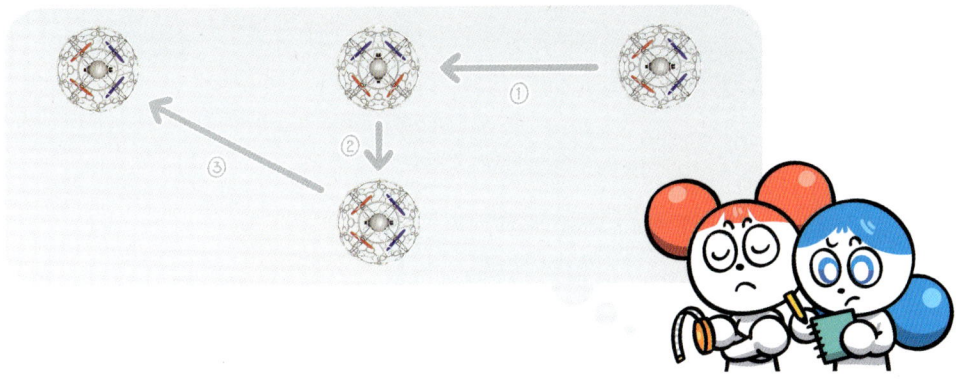

메모장, 필기 도구, 줄자를 준비합니다. 드론이 비행할 코스를 살펴보고 최종 목적지에 어떤 경로로 비행하여 도달할지 상상합니다. 상상한 비행 궤적을 여러 단계로 나누어 단계별로 필요한 명령어와 적절한 예상 이동 거리, 이동 속도, 방향 전환과 각도 같은 정보들을 측정하고 메모합니다.

[2단계] 스카이킥EVO 블록 코딩 프로그램 실행하기

skykick evo
block coding

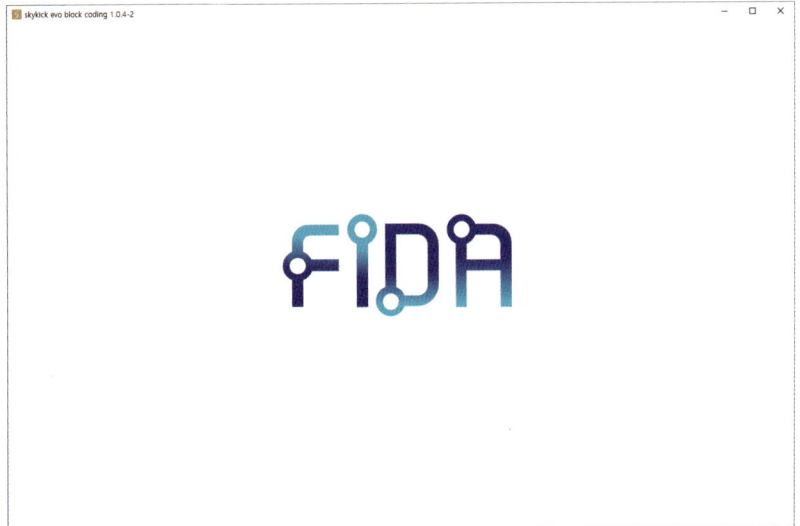

컴퓨터에서 스카이킥EVO 블록 코딩 프로그램을 실행합니다. 만약 스카이킥EVO 블록 코딩 프로그램을 설치하지 않았다면 11CHAPTER(82p)를 참고하여 프로그램을 다운받아 설치해 주세요.

[3단계] 드론과 컴퓨터 연결하기

스카이 센서가 장착된 스카이킥EVO에 배터리를 넣어 전원을 켜둔 채, 조종기와 컴퓨터를 C to USB 케이블을 이용하여 연결합니다. 이후 프로그램 화면의 [코딩 시작하기]를 클릭합니다.

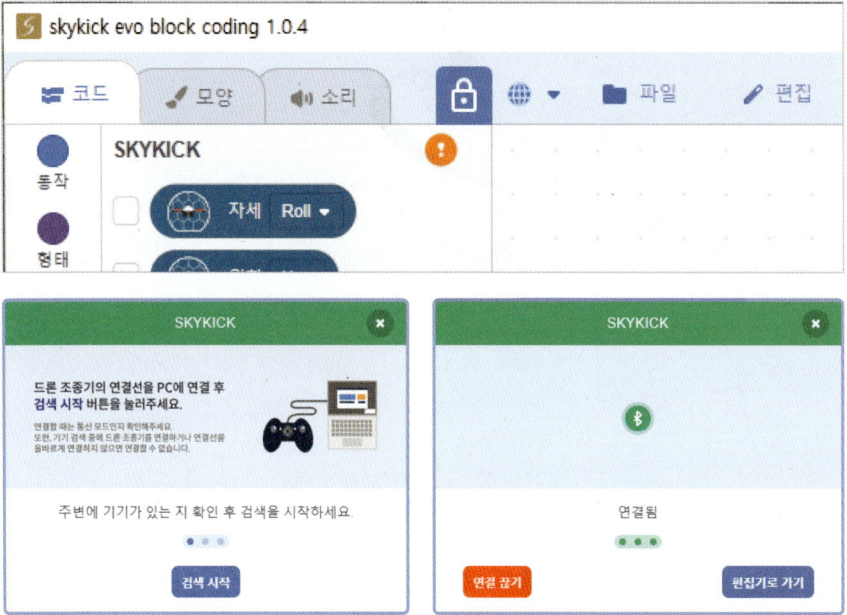

코드 카테고리 중 'SKYKICK'을 선택하면 상단에 표시되는 주황색 느낌표 아이콘을 클릭하여 안내에 따라 조종기 검색을 실시합니다. 팝업창에 '연결됨' 표시가 떴다면 [편집기로 가기] 버튼을 클릭하여 블록 코딩을 시작합니다.

만약 '연결됨'이 표시되지 않는다면 케이블을 분리하고 조종기와 드론의 전원을 끈 뒤 프로그램을 껐다 켜서 처음부터 다시 시도해 보세요. 그래도 정상적으로 연결되지 않는다면 C to USB 케이블을 교체하여 연결해 보도록 합니다.

[4단계] 계획된 비행 경로를 생각하며 블록 코딩하기

1단계에서 예상하고 측정하여 메모한 정보들을 바탕으로 명령 블록들을 조립하여 코딩합니다. 이때 아래의 주의사항을 잘 기억하여 비행시 오류를 줄이기 위해 노력해야 합니다.

① 코딩은 [이륙하기]블록으로 시작하고, [착륙하기]블록으로 끝나야 합니다.

- 드론의 비행이나 이동 동작과 관련된 코딩 명령어들은 드론이 이륙하여 하늘에 떠있는 상태일 때에만 수행이 가능합니다. 그러므로 드론의 이동과 관련된 코딩 블록들은 [이륙하기]블록 다음에 위치해야만 정상적으로 작동할 수 있습니다.
- [착륙하기]블록을 빼고 코딩하면 비행이 종료된 후에도 드론이 계속 공중에 떠 있어 고도가 높을 경우 드론을 회수하기 어려운 상황이 발생할 수 있습니다.

② '비상 착륙'을 위한 코드를 우선 조립 후 나머지 코드를 만들어야 합니다.

- 초보자일수록 비행 초반에 잘못된 코딩이나 Running Miss(명령어 미이행) 등의 이유로 인하여 의도하지 않은 방향이나 고도로 드론이 날아가는 상황이 발생하기 쉽습니다. 이때 바로 '비상 착륙'을 하지 못한다면 인명 사고로도 이어질 수 있으므로, 반드시 비상 착륙을 위한 코딩을 우선 조립하여 활용할 수 있도록 해야 합니다.

③ 반드시 각 비행 명령 블록 사이에 [n초 기다리기] 블록을 넣어야 합니다.

- [n초 기다리기] 블록을 끼워 넣지 않거나, 기다리는 시간의 설정이 너무 짧을 경우(약 1~2초), 드론은 특정 명령을 제대로 실행하지 못하고 생략해 버리거나 잘못된 명령 수행을 하게 되어 비행이 정상적으로 이루어지지 않는 결과를 가져옵니다. 기다리는 시간은 보통 3~5초 정도를 권장합니다.

[5단계] 시험 비행하기

조립한 코딩을 실행하여 자신이 상상하고 계획한대로 드론이 제대로 비행하는지 확인하는 단계입니다. [skykick evo block coding 1.0.4] 버전 기준 조립한 코딩을 실행할 때에는 조립한 코딩에서 설정한 시작 키를 누르도록 합니다. 시작 키를 누르면 조립한 코딩의 가장자리에 노락색 테두리가 생기며 드론 비행이 시작됩니다.

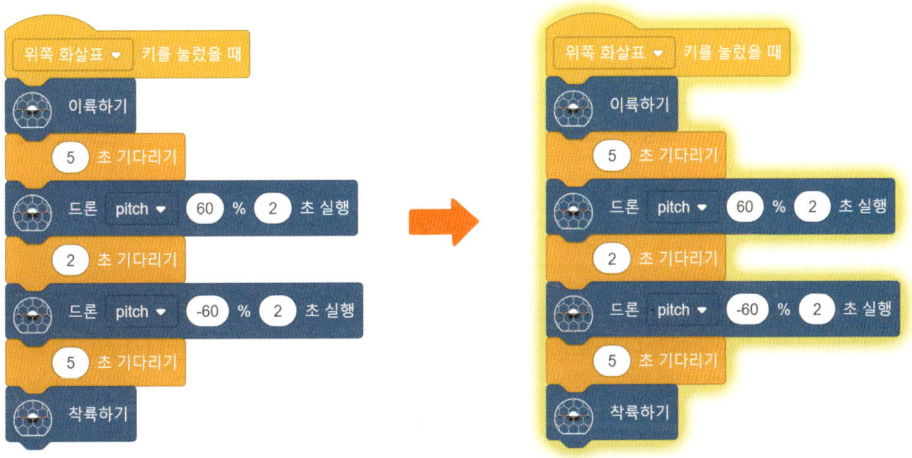

만약 시험 비행 중 오류가 발생했거나 드론이 생각했던 것과 다르게 비행하여 다음에 조립되있는 비행 명령 블록대로 비행하는 것이 어렵다고 판단되면, 즉시 미리 조립해둔 '비상 착륙' 코딩을 사용하여 드론을 안전하게 착륙시키도록 합니다.

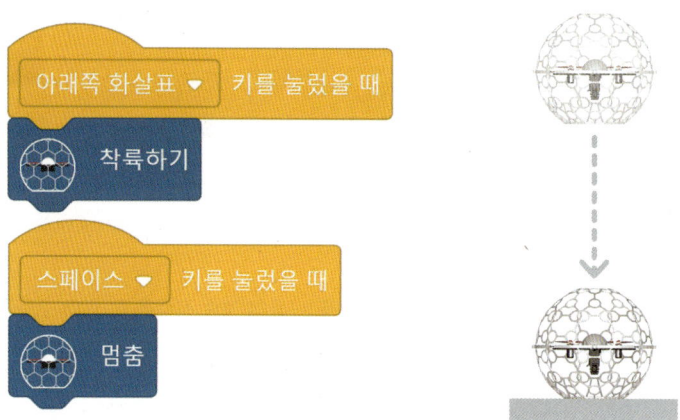

[6단계] 코딩 블록 수정하기

시험 비행에서 확인한 잘못된 명령 블록이나 비행 관련 수치들을 수정하는 단계입니다. 5단계에서 비행했을 때 계획과 다르게 비행했던 부분을 찾아 정확한 수치와 블록으로 명령을 바로잡아 줍니다.

한두 가지 수치만 수정하는 정도의 간단한 코딩 블록 수정은 드론의 전원을 켠 상태에서 할 수 있기는 하나, 이용자의 안전을 위해 반드시 드론의 전원을 끈 상태에서 코딩 블록을 수정하는 것이 좋습니다.

코딩 블록 수정을 마치고 다시 비행하기 위해 드론의 전원을 켰을 때 드론이 비행하지 않거나 반응이 없다면, 82~83쪽을 참고하여 블록 코딩 프로그램이 있는 컴퓨터와 조종기, 드론과의 연결을 다시 시도하도록 합니다.

[7단계] 2차 시험 비행하기

수정한 코딩을 이용하여 다시 비행해보는 단계입니다. 만약 수정한 코딩을 적용하여 비행했음에도 불구하고 여전히 비행 중에 기존 오류가 다시 발생한다거나 새로운 비행 오류가 발생했다면 다시 코딩 블록을 수정하도록 합니다. 계획한대로 드론이 비행하여 미션을 완료하고 목적지에 도착했다면 코딩 드론 비행 미션은 종료됩니다.

2 긴급 비행 중지 코딩하기

고가의 군용 또는 민간사업용 드론의 경우 정확도가 높은 다양한 센서들을 사용합니다. 여러 센서들이 복합적으로 작용하여 비행 오류의 가능성을 줄여주기 때문에, 간단한 코딩 입력 또는 설정 변경을 통해 매우 정확한 자동 비행이 가능합니다. 그러므로 '긴급 비행 중지'나 '비상 착륙' 기능을 활용하게 되는 경우가 그다지 많지 않습니다.

스카이킥EVO 또는 학습용 코딩 드론들의 경우 센서들이 제한적이고 군용 또는 산업용 드론들과 비교하면 정확도가 상대적으로 낮습니다. 따라서 코딩 후 비행을 시도할 때, 단 한 번의 시도로 원하는 비행에 성공하는 것은 어렵습니다. 코딩 비행을 통하여 미션을 완수하기 위해서는 여러 번 비행을 중단하여 코드를 수정하기도 하고 계속해서 비행에 도전해야 합니다. 이 과정에서 드론이 계획과 다르게 비행하여 긴급히 비행을 중지해야 하는 경우가 자주 발생합니다.

비상 착륙 코딩은 조종기의 '비상 착륙' 조작과 같습니다. 긴급히 비행을 중단해야 하는 순간이 닥쳐서 스카이킥EVO의 프로펠러 회전을 급히 멈춰야 하거나 수행하던 코딩 비행 미션을 중단해야 할 때, 그대로 고도를 낮춰 착륙할 수 있도록 하기 위한 코딩입니다.

① 긴급 비행 중지		드론이 원하는 경로대로 이동하지 않았을 때 코딩을 수정하고 다시 비행하기 위한 목적으로 주로 사용하는 방식입니다. 드론 비행 중 키보드의 아래쪽 화살표를 누르면 모터의 출력이 서서히 감소하며 제자리에 착륙합니다.
② 긴급 비행 중지		드론이 다른 사람과 갑작스럽게 충돌하려고 하거나 다른 사람의 머리카락이 드론의 프로펠러에 엉킬 위험성이 있을 때, 드론의 파손을 감수하고서라도 주로 인명사고를 막기 위하여 활용합니다. 드론 비행 중 키보드의 스페이스 키를 누르면 드론은 즉시 프로펠러의 회전을 멈추고 그 자리에 추락합니다.
③ 긴급 비행 중지		긴급 비행 중지 ①, ②를 모두 사용하는 방법으로, 번거롭더라도 가장 권장되는 방법입니다. ①은 서서히 시간을 들여 드론을 착륙시키고 ②는 그 즉시 프로펠러 회전을 중단시켜 추락시키는데, ③은 두 가지 방법을 동시에 사용하는 방법으로 혹시 한 방법에 오류가 발생하더라도 다른 방법으로 착륙할 수 있는 안전장치를 마련해두는 방식입니다. 멈춤 명령은 프로펠러의 회전을 강제로 멈추는 방식이기에 지나치게 높은 고도에서 중단시킬 경우 통제가 불가능한 상태로 추락하면서 또 다른 사고가 발생할 수 있으니 조심스럽게 사용해야 합니다.

※ 만약 손으로 잡을 수 있는 높이에서 드론이 코딩한 대로 움직이지 않을 경우, 비행 상태인 스카이킥EVO의 가드를 잡고 드론의 윗면이 바닥을 향하도록 빠르게 거꾸로 뒤집는 물리적인 방법의 비상 정지도 존재합니다. 드론을 뒤집는 순간 모터의 출력이 잠시 상승하였다가 2~3초 후 모터와 프로펠러가 정지합니다. 다만, 빠르게 비행하는 드론을 손으로 잡는 과정에서 부상 당할 가능성이 높아 긴급 비행 중지 코딩을 활용하여 비행을 중단하는 것을 권장하며 피치못할 상황에서만 사용합니다.

3 코딩 비행으로 장애물 코스 비행 실습하기

다음과 같이 장애물을 통과해야하는 코스를 블록 코딩을 이용해 비행해 봅시다.

A. 코스 및 유의사항

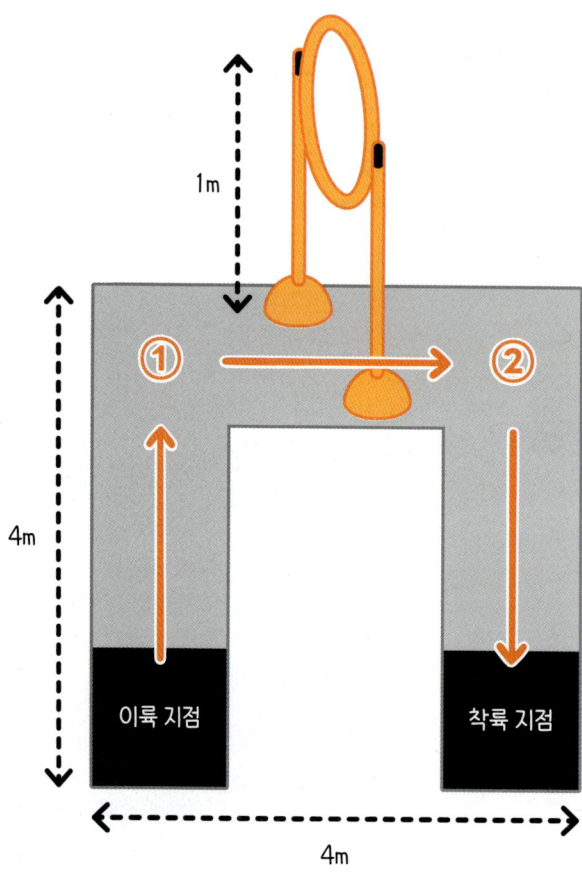

- 위와 같은 모양의 형태로 비행 코스를 마련하고 중간 부분에 장애물 역할을 하는 훌라후프를 지면으로부터 1m 높이에 설치합니다.

- 이륙 지점과 착륙 지점을 지정하도록 합니다. 훌라후프나 종이를 이용해 바닥에 고정하여 표시합니다.

- 이륙 지점에서 이륙 후 ①지점으로 이동, 방향 전환 후 ②방향으로 이동하며 훌라후프 장애물을 통과하고, ②에서 방향 전환 후 착륙 지점으로 이동한 다음 착륙하도록 합니다.

- 비행 중에는 드론 전면이 항상 진행 방향으로 향하고 있어야 하므로 ①지점과 ②지점에서 시계, 반시계 어느 방향이든 요(Yaw)를 조절할 수 있도록 해야 합니다.

- 코딩의 간결함도 중요하지만, 이륙 지점에서 훌라후프를 정확히 통과한 다음 착륙 지점까지 완벽하게 비행 하는 것에 초점을 두고 코딩을 해야 합니다.

B. 코딩 비행 유의사항

앞서 배운 7단계의 코딩 비행 순서를 바탕으로 2인 1조로 코딩하여 비행하도록 합니다. 이때 한 사람은 코딩을 통한 비행 실습, 다른 사람은 안전관리자의 역할을 수행하며 각자의 역할을 번갈아가며 비행하도록 합니다. 좁은 공간에서 여러 학생이 동시에 비행하면 사고가 발생할 수 있으므로, 최대한 넓은 공간에서 비행할 수 있도록 해야 합니다.

 💡 짚고 넘어가 볼까요?

· 제자리에서 호버링 하지 못하고 조금씩 이동할 때

스카이킥EVO가 호버링하지 못하고 옆으로 계속 조금씩 흐르듯 이동한다면 배터리를 분리했다가 다시 결합하여 스카이 센서를 바르게 결합해 봅시다. 스카이 센서의 장착이 불량이었다면 이 단계에서 해결될 것입니다.

그럼에도 불구하고 동일한 현상이 반복된다면 조종기에서 USB케이블을 제거하여 조종모드(수동 조종)로 돌아간 다음 드론 배터리를 분리 및 재결합한 뒤 비행을 해봅니다. 만약 수동 조종에서 정상적인 호버링이 가능하다면 다시 조종기와 컴퓨터를 USB케이블로 연결하고 드론의 배터리를 분리했다 결합한 후 스카이 센서를 끼워 코딩 비행을 시도하도록 합니다.

· 코딩 비행 중 배터리가 부족할 때

드론 배터리가 부족할 경우 드론의 LED가 빨간색으로 깜박거리며 비행이 자동으로 중단되어 착륙합니다. 이때는 충전된 배터리로 교체 후 드론을 블록 코딩 프로그램과 재연결하여 다시 비행하도록 합니다.

· '방향 전환 → 직진' 코딩을 했음에도 불구하고 전환한 방향으로 전진하지 않고 조종자로부터 멀어지기만 할 때

수동 조종에서 이스케이프 모드를 켠 상태로 비행한 후, 이스케이프 모드를 끄지 않은 상태에서 코딩 비행을 하는 경우 발생할 수 있는 문제입니다. 이스케이프 모드가 켜져있는 상태라면 코딩 비행을 할 때 분명 방향 전환으로 드론의 정면이 바뀌었음에도 불구하고 조종자가 바라보는 정면 기준으로 직진 비행하는 상황이 발생합니다.

코딩 비행 전에 먼저 수동 조종 모드에서 이스케이프 모드가 꺼진 상태인지 확인한 후 코딩 비행을 하도록 합니다. 이스케이프 모드는 수동 조종 모드에서 조종기의 E 버튼을 눌러서 끄고 켤 수 있습니다.

주의사항으로는 스카이 센서 장착 상태에서 코딩 비행 중 조종기의 E 버튼을 길게 누를 경우 이스케이프 모드의 ON/OFF가 아닌, 이륙한 장소로 자동 복귀하는 'Back Home' 기능이 작동됩니다. 다만 정확성이 높지 않아 이륙한 장소에 정확하게 착륙하지 못할 가능성이 높아 사용시 주의가 필요합니다.

· 이스케이프 모드 (E 버튼 짧게 누름)
드론의 정면이 기체 기준이 아닌 조종자의 시선 기준으로 세팅됩니다.
드론이 어떤 방향을 바라보더라도 조종자의 시선 기준으로 움직이기 때문에 드론 비행 중 방향 감각을 잃었을 때 드론을 안전하게 회수하기 위한 방법으로 사용합니다.

· Back Home (E 버튼 길게 누름)
드론 비행 후 회수할 때, 조종자의 위치까지 직선으로 비행하여 되돌아오게 하는 기능입니다. 주의할 점은 무조건 조종자를 향해 일직선으로 되돌아오니 중간에 장애물이 있는지 잘 파악한 후 기능을 실행해야 합니다.

4 블록 코딩 예시

예시 ①	예시 ②

이륙 후 장애물을 통과할 수 있는 높이까지 상승합니다. 그리고 '전진과 제자리 90도 우회전'을 두 번 반복하여 장애물을 무사히 통과한 후 착륙장까지 이동하는 비행을 코딩하도록 합니다.

이륙 후 ❶번의 0.5m를 상승하는 것은, 1m가 넘는 높이를 가진 장애물을 통과하기 위함입니다. 스카이킥 EVO는 이륙 시 약 0.5m 정도의 고도에서 호버링(제자리 정지비행)을 합니다. 그러므로 1m 정도의 높이를 가지는 장애물 통과를 위해서는 고도를 0.5m정도 더 상승시키는 작업이 필요합니다.

❷번의 0.5m/s의 속도로 상승하는 것은, 정확히 1m의 거리를 이동하기 위해서는 빨리 뛰어가는 것 보다 천천히 걸어가는 것이 더 수월한 것처럼 1초당 고도 변화 속도를 느리게 하여 정확히 0.5m의 고도만을 높일 수 있도록 하기 위함입니다.

❸번의 끝과 끝의 거리가 4m인 코스에서 드론을 3m씩 전진시키는 이유는, 드론이 이동하고 장애물을 통과하는 비행을 할 때 코스의 끝부분까지 이동하는 것이 아닌 코스 끝부분으로부터 어느 정도 여유를 두고(이 코스의 경우 양쪽으로 약 0.5m씩, 총 1m의 여유를 상정) 코스의 중앙으로만 이동하기 때문입니다.

제시된 블록 코딩 예시들과 다르더라도 주어진 조건에 따라 장애물을 안전하게 통과한 후 착륙 지점에 정확히 착륙했다면 비행 미션에 성공한 것으로 판정할 수 있습니다. 같은 장애물 코스더라도 다양한 비행 방법으로 미션을 수행할 수 있다는 것을 이해하고, 미션을 성공적으로 완수한 코드를 학생들끼리 공유해 더 효율적인 코드로 수정 및 보완하는 과정 속에서 창의력과 의사소통 능력을 기를 수 있습니다.

※ 비상 착륙을 위한 긴급 정지 비행 코드를 만들어 두는 것도 잊지 마세요.

배워보아요!

드론의 다양한 활용에 대해 알려줘!

드론은 이미 다양한 분야에서 활용되고 있습니다. 특히 기존의 기술과 처리 방식으로는 완수하는데 많은 시간과 비용이 필요했던 일들을 짧은 시간에 적은 비용으로 해결할 수 있도록 하는데 큰 역할을 하고 있습니다.

분야	활용 내용
물품·사람 수송	드론에 화물 운반용 키트를 부착해 물품 운송, 사람이 타서 이동하는 드론 택시
산림 보호·감시	드론에 탑재된 카메라를 이용해 산불, 병해충 관련 촬영 영상을 지상통제소에 전달, 불법 작물 채취 단속
시설물 안전진단	드론에 탑재된 카메라로 사람의 접근이 어려운 교량, 고압 송전선 등에 대한 안전진단
재난·구조 지원	재난 현장 모니터링, 조난자 수색, 인명 구조용 키트 배달
국토 조사·순찰	드론 탑재 카메라로 지적측량, 토지 실태 조사 및 재난 현장 실시간 모니터링
농원 지원	병충해 방지, 농약 살포, 농작물 상태 모니터링, 과일 수확
해안선 관리	불법 어로, 밀수, 불법 침입, 조난 구조 등 해안선 및 접경 지역 안전 관리, 적조 등 관측
통신망 활용	LTE를 활용해 드론 조종 및 자료 전송, 드론에 데이터 통신 기기를 장착하여 아프리카나 사막 지역 등 인터넷사용 불가 지역 지원
항공 촬영	드론 탑재 카메라로 영상, 사진 촬영
레져·문화	취미용, 완구용 드론 조종 및 촬영, 군집 비행 기술을 활용한 드론 군무쇼

드론의 소프트웨어와 하드웨어(배터리, 모터, 센서 등) 기술의 급격한 발달은 새로운 분야와의 기술 융합을 통해 드론의 다양한 변신을 만들어내고 있습니다. 우리가 일반적으로 알고 있는 드론의 활용 외에 색다른 드론의 활약상들을 살펴볼까요?

조명 드론

이미지출처 - BLUE VIGIL https://www.bluevigil.com/

- 사고 현장이나 건설 현장 등에서 야간 업무 수행을 위해 별도의 조명을 설치하는 것이 아닌 조명 드론을 활용할 수 있습니다.

공수 양용 드론

- 하늘과 물속에서 모두 운용이 가능한 드론으로 사람이 하기 힘든 해양 탐사, 침몰선 수색, 해양 생물 조사 등의 작업 수행이 가능하고 잠수함에 탑재해 군사용으로도 활용할 수 있습니다.

배워보아요!

드론의 3D 맵핑

- 드론 카메라를 통해 찍은 사진과 영상을 통해 3D 지도를 제작(3D 맵핑)할 수 있습니다. 특히 고층 건물이 많은 도시의 입체 지형을 조사하는데 드론 3D 맵핑 기술이 효과적으로 사용될 수 있습니다.

로봇팔 드론

이미지출처 - 로봇 신문 http://m.irobotnews.com/news/articleView.html?idxno=8607

- 드론에 로봇팔을 장착하여 물건을 집을 수 있게 만든 드론입니다. 접근하기 어려운 곳의 물건이나 사람이 직접 다루기 힘든 물건을 손쉽게 운반할 수 있습니다. 로봇팔 외에 다른 로봇 기술을 드론과 접목하여 다양하게 활용도를 높일 수도 있습니다.

페인팅 드론

이미지출처 - Akzo Novbel https://www.akzonobel.com/en/about-us/-innovation-/innovation-stories/new-autonomous-drone-is-a-smarter-way-to-apply-paint

- 드론으로 그림을 그릴 수 있습니다. 드론에 페인트 노즐을 연결하고 벽면이나 도화지에 페인트를 분사하여 그림을 그리는 것입니다. 이 외에도 야간에 카메라의 장노출과 밝은 불빛을 장착한 드론의 움직임을 결합해 환상적인 풍경 사진 작품을 만들어내기도 합니다.

AR(증강현실)과 드론

- 드론은 하드웨어뿐만 아니라 관련 소프트웨어의 개발 영역도 무궁무진합니다. 이미 시뮬레이션 프로그램, AR(증강현실), VR(가상현실), 드론 관제 시스템 등 다양한 프로그램들이 개발되고 있습니다.

CODING&SPORTS
스카이킥 EVOLUTION

1판 1쇄 발행 | 2024. 10
저   자 | 문성환, 박일호, 여환구, 윤경환
발 행 처 | (주) 에이럭스
문 의 전 화 | 02-904-8590 (내일은쌤)
홈 페 이 지 | http://imssam.me/

연구 및 개발 | (주) 바이로봇
편집디자인 | ALUX Design Team

Copyright 2024. ALUX all right reserved.